Stephan Mitschang (ed./Hrsg.)

Privatisation of Planning Powers and Urban Infrastructure

Privatisierung von Planung und städtischen Infrastrukturen

PL ACADEMIC RESEARCH

Bibliografische Information der Deutschen Nationalbibliothek
Die Deutsche Nationalbibliothek verzeichnet diese Publikation in der Deutschen Nationalbibliografie; detaillierte bibliografische Daten sind im Internet über http://dnb.d-nb.de abrufbar.

ISSN 1861-762X
ISBN 978-3-631-65873-4 (Print)
E-ISBN 978-3-653-05202-2 (E-Book)
DOI 10.3726/978-3-653-05202-2

PL Academic Research ist ein Imprint der Peter Lang GmbH.

Peter Lang – Frankfurt am Main · Bern · Bruxelles · New York · Oxford · Warszawa · Wien

Diese Publikation wurde begutachtet.

www.peterlang.com

BERLINER SCHRIFTEN ZUR STADT- UND REGIONALPLANUNG

Herausgegeben von Stephan Mitschang

Band 26

PL ACADEMIC RESEARCH

Privatisation of Planning Powers and Urban Infrastructure

Privatisierung von Planung und städtischen Infrastrukturen

Preface

This book grew out of the sixth meeting of the Platform of Experts in Planning Law held in Lisbon, Portugal October 12–13, 2012. The Platform is an international group of planning experts founded by Prof. Rachelle Alterman, the former Dutch Ministry of Spatial Planning, Housing and Environment (VROM), the Dutch Institute for Construction Law (IBR), Dr. Ir. Arjan Bregman and Prof. Mr. Dr. Monika Chao-Duivis and Prof. Dick Lubach. The Platform meets once a year at a different host institution. The October 2012 Lisbon meeting was organized in collaboration with Claudio Monteiro, Faculty of Law of the University of Lisbon.

Before each meeting, the Instituut voor Bouwrecht prepares a short hypothetical problem with specific questions and invites a group of planning law scholars to prepare a short paper setting how the questions would be addressed under their country's legal regime. This volume is the second time that the papers prepared for the meets have been expanded, extensively referenced and published. The book's chapters illustrate the evolution of this unique comparative land use planning and regulation forum; they allow a broader audience to benefit from the insights gained from the national case studies presented at the Lisbon meeting.

Berlin, October 2014

Univ.-Prof. Dr.-Ing. habil. Stephan Mitschang
Department for Urban and Regional Planning TU Berlin
Urban and Regional Development Group
– Local, Regional- und Federal State Planning –
Hardenbergstraße 40 a
10 623 Berlin

Vorwort

Diese Veröffentlichung entstand aus dem sechsten Experten-Treffen für Planungsrecht, das vom 12.–13.10.2012 in Lissabon stattfand. Das Expertentreffen bildet eine Plattform für eine internationale Gruppe von Planungsrechtsspezialisten. Gegründet wurde diese von Prof. Rachelle Alterman, dem (vorm.) niederländischen Ministerium für Raumplanung, Wohnen und Umwelt (VROM), dem holländischen Institut für Baurecht (IBR), Dr. Ir. Arjan Bregman und Prof. Mr. Dr. Monika Chao-Duivis und Prof. Dick Lubach. Die Experten treffen sich einmal im Jahr an wechselnden Gast-Standorten. Im Jahr 2012 wurde das Treffen von Professor Dr. Claudio Monteiro von der Universität von Lissabon organisiert.

Zur Vorbereitung der Treffen bereitet das niederländische Institut für Baurecht eine kurze Fallgestaltung mit spezifischen Fragen und lädt eine Gruppe von Wissenschaftlern aus dem Bereich des Planungsrechts ein, kurze Erläuterungen hierzu im Hinblick auf die Gesetzeslage ihres jeweiligen Landes zu geben. In diesem Band erfolgt zum zweiten Mal eine zusammenfassende Aufbereitung der nationalen Antworten der Teilnehmer des Treffens zur Veröffentlichung. Die einzelnen Kapitel des Buchs illustrieren die nationale Entwicklung und stellen einen einmaligen Vergleich des Planungsrechts vor dem Hintergrund der Privatisierungstendenzen im Bereich der Stadtplanung und städtischer Infrastrukturen in den verschiedenen Teilnehmerländern dar und erlauben es, die Fallstudien und Ergebnisse des Treffens einem breiten Fachpublikum nahezubringen.

Berlin, Oktober 2014

Univ.-Prof. Dr.-Ing. habil. Stephan Mitschang
Institut für Stadt- und Regionalplanung der TU Berlin
Fachgebiet Städtebau- und Siedlungswesen
– Orts-, Regional- und Landesplanung –
Hardenbergstraße 40 a
10 623 Berlin

Table of Contents / Inhaltsverzeichnis

I. Introduction / Einleitung 1/3

II. Case studies / Fallstudien 5

1. Denmark / Dänemark 7/21
Helle Ina Elmer, Ph.D., Danish Ministry of the Environment, Copenhagen

2. Germany / Deutschland 37/61
Univ.-Prof. Dr.-Ing. habil. Stephan Mitschang, Technische Universität Berlin,
Dr.-Ing. Tim Schwarz, Technische Universität Berlin

3. Greece / Griechenland 87/103
Associate Prof. Georgia Giannakourou, University of Athens
Dipl. Surveying Engineer, Evangelia Balla, Ktimatologio. S.A., Athens

4. Netherlands / Niederlande 121/135
Associate Prof. Fred Hobma LL.M., Ph.D., Delft University of Technology
Assistant Prof. Erwin Heurkens, M.Sc, Ph.D., Delft University of Technology

5. United States of America / Vereinigte Staaten von Amerika 153/159
Edward J. Sullivan M.A., LL.M, Portland, Oregon

III. Privatisation of Planning Powers and Urban Infrastructure – Comparative Review / Privatisierung von Planung und städtischen Infrastrukturen – Vergleichende Betrachtung 167/179
Dr.-Ing. Tim Schwarz, Technische Universität Berlin

I. Introduction

Throughout history there has always been a clear distinction in the city-making process between the role of the Administration as a planner and manager of public infrastructures and spaces and the role of private entities as property developers and builders.

Following a general economic trend on privatization of public functions, in recent years we have seen private entities assuming more complex responsibilities concerning the planning and management of our cities. Not only providing services of general interest like public transportation or the supply of electricity, water and sewerage, but also drafting zoning plans, controlling property development and creating and maintaining urban infrastructures and public spaces.

The question is how far privatization of planning powers and urban infrastructures can go due to the political nature of the decisions involved. And more specifically, how can planning laws contribute to achieve a balance between economic efficiency and democratic legitimacy in city planning and management.

In view of this case study, the participants of the conference answered three questions concerning the correlation of planning and privatization.

Questions

1. Is there legislation concerning the initiative and/or the drafting of zoning plans and other equivalent documents by private entities? What is the procedure in that legislation and does it guarantee municipal control of planning powers? How is public participation organized in this procedure?
2. Is there legislation concerning the involvement of private entities in the control and enforcement of public zoning and building regulations? Are private entities only allowed to perform assessment tasks or can they issue development permits and take follow-up enforcement measures?
3. Is there legislation concerning the private management of urban infrastructures and public spaces? Is this legislation restricted to single infrastructures and spaces or does it provide a legal framework for the

private management of entire neighbourhoods and other urban areas? Is the management of those neighbourhood and areas restricted to owners or neighbours associations or can concessionaires or other private commercial companies perform it? How does it guarantee municipal or public control of management decisions?

I. Einleitung

Im Laufe der Geschichte der Stadtplanung gab es durchweg eine klare Unterscheidung zwischen der Rolle der Verwaltung als Planer öffentlicher Infrastruktur und öffentlicher Plätze und der Rolle privater Instanzen als Entwickler und Bauherr.

Dem globalen Trend der Privatisierung öffentlicher Aufgaben folgend, wurde in den letzten Jahren deutlich, dass private Instanzen mehr und mehr Verantwortung bezüglich der Planung unserer Städte übernehmen. So liegt in deren Aufgabenbereich nicht nur die Bereitstellung technischer Infrastruktur, wie ÖPNV, Strom- und Wasserversorgung sowie Abwasserentsorgung, sondern auch die Aufstellung von Bebauungsplänen, die Überwachung der Entwicklung von Eigentumsverhältnissen sowie das Schaffen und Erhalten städtischer Infrastruktur und öffentlicher Plätze.

Die Frage ist, wie weit Planung und urbane Infrastruktur in Hinblick auf die politische Natur der damit zusammenhängenden Entscheidungen privatisiert werden können. Und genauer, wie können Gesetze zu einem ausgeglichenen Verhältnis zwischen ökonomischer Effizienz und demokratischer Legitimation in Stadtplanung und Stadtverwaltung beitragen?

Im Hinblick auf diese Ausgangslage wurden den Tagungsteilnehmern drei Fragen zum Schnittfeld Planungsrecht und Privatisierung gestellt.

Fragestellungen

1. Gibt es Rechtsvorschriften, nach denen private Rechtssubjekte die Initiative und/oder den Entwurf von Bauleitplänen und ähnlichen Dokumenten übernehmen können? Welches Verfahren wird in diesen Rechtsvorschriften vorgegeben und garantieren diese Rechtsvorschriften eine kommunale Kontrolle der Planungsbefugnisse? Welche Art von Bürgerbeteiligung ist in diesem Verfahren vorgesehen?
2. Gibt es Regelungen bezüglich der Beteiligung Privater bei der Überwachung und Geltendmachung sowie dem Vollzug von Bebauungsplänen und der Bauordnung? Sind private Instanzen berechtigt Bewertungen zu übernehmen oder ist es Ihnen auch erlaubt Genehmigungen auszustellen und daran anknüpfende Maßnahmen zur Durchführung festzulegen?

3. Gibt es Rechtsvorschriften, nach denen Privatunternehmen städtische Infrastruktureinrichtungen und öffentliche Räume bewirtschaften können? Beschränkt sich diese Gesetzgebung auf einzelne Infrastrukturleistungen und Räume oder bietet sie vielmehr den gesetzlichen Rahmen für die Bewirtschaftung ganzer Quartiere und anderer städtischer Bereiche durch Privatunternehmen? Ist die Bewirtschaftung dieser Quartiere oder Gebiete auf die Eigentümer- oder Anwohnervereinigungen begrenzt oder kann diese auch von Konzessionären oder privaten Wirtschaftsunternehmen übernommen werden? Wie garantiert die Gesetzgebung die kommunale oder öffentliche Kontrolle von Entscheidungen in Bezug auf die Bewirtschaftung?

II. Case studies / Fallstudien

Helle Ina Elmer

1. Denmark

Introduction

Privatisation in Denmark has been part of political picture since the beginning of the millennium. One could argue that general legislative measures were the initial way of dealing with privatization, but in recent years two distinctive paths seem to be evident: Contestability of public works through cooperation with private contractors and deregulation especially launched as a Municipal Pilot Program stating regulatory relief in quite specific cases. The latter gives certain municipalities regulatory relief from the general legislation for a period of four years in order to analyze the effect.

1.1 Question 1

Is there legislation concerning the initiative and/or the drafting of zoning plans and other equivalent documents by private entities? What is the procedure in that legislation and does it guarantee municipal control of planning powers? How is public participation organized in this procedure?

Overview

Following the municipal reform in 2005 Denmark 271 municipalities were voluntarily merged into 98 and 16 counties were replaced by 5 regions. Although the reform 'only' transferred the planning powers of the county councils to the municipal councils the impact on the legal framework encompassing the planning system in Denmark was huge.[1] Thus, the planning authorities are assigned the municipal councils and to a limited extend the regional councils.[2] The Minister of the Environment is assigned

1 The Planning Act in Denmark, Consolidated Act no. 937 of September 24, 2009, and further amendments.

2 The regional councils adopt a regional development plan every four years, Planning Act § 22c.

limited powers of intervention and granted the possibility of acquiring the planning authority, when national interests are at stake.

The Danish Constitutional Act[3] § 82 presupposes the right of municipalities – under State supervision – to manage their own affairs. This right is laid down by law and underpins an independent planning authority within the scope of the Danish Planning Act and the major national planning interests[4]. The more common term of expression used to describe the planning authority of the municipal council is planning monopoly, but in a legal context it is an ambiguous term to use. The reality behind the term is that the municipal council is obliged to observe the rules governing independent democratic decision making, which in terms of spatial planning places the sole responsibility of planning decisions on the municipal council. A more accurate description would therefore be to look upon the municipal planning powers as autonomous within the scope of national and regional interests.

Prior to the final decision[5] in the municipal council the public has had access to review and comment on the initial overall idea of the project/the proposed planning idea[6] and later on the SEA-report etc. of the planning proposal[7] and the planning proposal itself (municipal plan, amendments to the municipal plan and local plans (towns and rural areas)) in an 8 week hearing[8]. If the project requires an EIA the public may also review and comment on the EIA-report. It should be notes that the EIA-process is incorporated in the Planning Act and the issue of an EIA-consent presupposes an amendment to the municipal plan laying down the guidelines for the project.[9]

---

3 The Constitutional Act of Denmark of June 5, 1953.

4 The major national planning interests are published, see Planning Act § 2a, every four years prior to the municipal review of the municipal plan, see Planning Act § 23a.

5 Planning Act § 27.

6 Ibid., § 23c.

7 Assessment of the Effects of certain Plans and Programmes on the Environment Act in Denmark, Consolidated Act, no. 936 of Sept. 24, 2009, and further amendments, § 8.

8 Planning Act, § 24.

9 Ibid., § 11g.

Legal provisions for involving private entities in the spatial planning process

Apart from EIA related amendments to the municipal plan it will only be the local plan that serves the purpose of detailed regulation of the project and/or the spatial use of the area (towns and rural areas). Detailed regulation presupposes knowledge about the physical conditions and the proposed project, and for projects initiated by the property owner it seems only fair to assume that once the planning process has reach the state of drafting a local plan the owner, who may also be the project developer, will be the one closest to supplying the relevant data. A fairly recent survey[10] shows that approximately 70 percent of all local plans are initiated by a property owner and at least 19 percent of these plans have been drafted by a planning consultant.[11] However, the survey does not offer any conclusion as to who has paid for the drafts.[12]

Also Danish case law[13] (Supreme Court judgments) offers examples of using the drafting of a local plan proposal as a clause in a conditional deed of conveyance in contract law cases where the municipality is the seller and the private entity is the buyer of real estate.

Although these data from real life planning tend to indicate a rather frequent use of drafting plan proposals in agreements with private entities, they do not mirror the legal provisions in the Planning Act, because the Planning Act presupposes a municipal council initiated planning and leaves, in fact, only few options for involving private entities in the spatial planning process. The options are as follow:

Technical assistance:

Before parcelling out a large area or commencing a major development project the municipal council shall, if these types of project are in compliance

10 Post, A, Hvingel, LT & Møller, J, Lokalplanlægning i Danmark 2009–2011: 1. delrapport. Institut for Samfundsudvikling og Planlægning, Aalborg Universitet. Skriftserien for Institut for Samfundsudvikling og Planlægning, nr. 2010–02.

11 Ibid., p. 29 f.

12 Ibid., p. 30.

13 Ugeskrift for Retsvæsen (Weekly Law Report) 2007 p. 1087 H. See also Ugeskrift for Retsvæsen 2008 p. 1969 H.

with the municipal plan, prepare a proposal for a local plan. In these circumstances the municipal council may require the assistance of the developer in preparing the plan.[14] The legislative history of the Planning Act and case law show that the municipal council may only require technical assistance from the private entity. The technical assistance could be architectural drawings and draft texts etc. However, the owner is not obliged to pay the municipal administration for drafting the proposal or for the public announcement of the local plan proposal.

Even though the local plan proposal has been drafted by a private entity the decision-making authority is still with the municipal council and the public has still access to review and comment on the plan proposal as mentioned above.

Security for reimbursement of expenses:

When a property owner requests that his real property be transferred from a rural zone to an urban zone with the aim of carrying out a development project, the municipal council may require that the owner of the property provide security subject to approval by the municipality to ensure that, if the work is not carried out, the municipality can be reimbursed for the expenses it incurs in producing a local plan and a supplement to the municipal plan.[15] The security may include the expense of municipal assumed ownership of the real property, if the property owner demands it.[16]

The municipality may require that the expenses incurred by the municipality for drafting and adopting the local plan be reimbursed if the development project has not begun within 4 years after transferring the real property to an urban zone. The property owner may decide to waive his right of demanding the municipality to assume ownership of the real property, cf. Planning Act § 48.

---

14 Planning Act, § 13, subsection 2 and 3.

15 Ibid., § 13, subsection 4.

16 Ibid., § 48 and Boeck, AB, Lov om planlægning med kommentarer, 2. ed., Jurist- og Økonomforbundets Forlag, 2002, p. 169.

The development agreement:

The overall idea of the Planning Act is that spatial planning is an ongoing exchange and development of public and private projects and forward looking initiatives. In addition to this comes the often more intricate interaction between the municipal council and private developers. As a result, the reality of municipal spatial planning may differ from the one envisaged by the statutes in the Planning Act. However, the Planning Act § 21 b allows for a municipal council to enter into a development agreement with the property owner for areas designated as urban zones, summer cottage areas or rural zones in the municipal plan. The private entity must be the property owner of the area for which the planning provisions are to be implemented. As a consequence project developers; entrepreneurs etc. must be property owners of the areas in question. The initiative lies solely with the private entity, because the private entity should as a property owner be able to see the advantage of entering into a agreement and offer financial support for the development of physical infrastructure.

Two prerequisite conditions have to be met, before entering into a development agreement: First of all it must be voluntary for the property owner as well as the municipal council. The private entity is not obliged to offer financial support, and vice versa the municipal council is not obliged to accept an offer from a property owner. The emphasis on the optional aspect exempts the agreement from the expropriation issue.

The second condition, which has to be met, has to do with nexus of the agreement. Are there limitations as to the claim of the municipal council? May the municipal council in return for speeding up the planning process claim a new kindergarten? The answer is yes – and no. The overall distinction is that the agreement cannot involve municipal functions outside the scope of infrastructural projects and facilities subject to spatial planning. This excludes social infrastructure like schools and kindergartens but includes physical infrastructure projects raising the market value of the area or the estate. Further, the infrastructural projects must be publicly accessible and the municipality assumes the future responsibility of maintenance and cannot transfer this responsibility to another entity like the property owner.

This emphasis on excluding municipal work and services from the agreement is important, because § 21 b was never adopted to upset the balance between municipal functions and private enterprise. Together with the demand for voluntariness the legal definition of a development agreement is an agreement solely encompassed by contract law. However, given the fact that one of the contracting parties is the municipal council and given the fact that the agreement is about functions delegated to the municipal council, it is not entirely certain that the agreement will be regarded as a private agreement in litigation. This means that if a public authority acts as private contractor the public authority may still be governed by the administrative law and procedures of the public authorities. This issue has not been tried in terms of development agreements; in fact there is no case law at all on development agreements.

Physical infrastructure projects with a potential positive effect on the market value could be:

- Building or relocating major municipal road systems, bridges, track systems and stopping places for public transport arising from the completion of a planned building project.
- Dicking out water channels and water areas or filling up projects and constructing quays and harbour facilities in or immediate vicinity of harbour areas.
- Building or upgrading access roads, small roads and bicycle paths, parking areas and lightning.
- Building and upgrading/enlarging or relocating of supply networks and grids including pylons, aerials and other mains for electricity, communication, broad band, water and sewage.
- Building or upgrading open air areas for recreational and/or open air activities like parks, squares and places as well as beach- and bathing places in land in harbour areas.

The matter of the development agreement may solely aim to[17]

1) Achieve a higher quality or standard of the planned infrastructure in an area, than the one planned by the municipal council e.g. the property owner may offer to substitute the surface of a common road located in a harbour area with something nicer or more extravagant like granite paving stones. The point is that the consideration of the development agreement cannot substitute municipal functions.
2) Accelerate the local planning for an area designated for development through local planning by the framework provisions of the municipal plan, including urban regeneration, but for which local planning would contradict the provisions on the chronological order of development of the municipal plan.
3) Change or extend the development opportunities listed in the framework provisions of the municipal plan or the local plan for the relevant area on the condition that the property owner must only contribute to financing infrastructure that the municipality would not be required to establish. E.g. the development of an area depends on relocation of an existing road. The property owner may offer to finance the relocation in order to enable the municipal planning for the relevant area. The road in question must not be part of the future municipal road development plan.

The Planning Act § 21 b was amended in 2012, in order to emphasize the voluntary development agreement as an option in spatial planning. The amendment clarified the possibility of the property owner to finance the preparation and drafting necessary planning documents (amendment to the municipal plan and local plan) for projects encompassed by § 21 b as described above.

Although the development agreement is the result of an private arrangement between the property owner and the municipal council, the Planning Act states that the report accompanying a proposal of a local plan associated with entering into a development agreement shall contain information on how the content and design of the provisions of the local

17 The examples mentioned below are all described in the guidance on spatial planning published by the Nature Agency (XX Øster, S, Elmer, HI, Haastrup, RH, Vejledning om lokalplanlægning, 2009, p. 77–78.).

plan proposal are related to the development agreement. The development agreement does not exempt the municipal council from its duties as planning authority and as such it is still the municipal council that adopts the proposed and the final plan, carry out the hearings of the public (minimum eight weeks), make the necessary public announcements etc.

Information that a draft of a development agreement exists must be publicized simultaneously with the publication of the proposal for the municipal plan supplement and the local plan. The municipal council's entering into a development agreement must be adopted simultaneously with the adoption of the local plan in final form, and information on the adoption of the development agreement shall be publicized. Information on the development agreement but not its actual content has to be accessible to the public.

1.2 Question 2

Is there legislation concerning the involvement of private entities in the control and enforcement of public zoning and building regulations? Are private entities only allowed to perform assessment tasks or can they issue development permits and take follow-up enforcement measures?

The local government reform of 2007, which implemented the replacement of 14 counties by 5 regions and merged 270 municipalities into 98, was apart from other issues also a spatial planning reform or at least a reform with spatial planning implications. By replacing the counties with the regions the authority concerning regional planning and rural administration was delegated to the municipalities and the task of ensuring the observation of regional and national spatial planning interests was partial delegated to the relevant authorities within the administration e.g. the Nature Agency. By delegating all the authority in terms of spatial planning but the raw materials plan t the municipalities the reform did not just change the terms of the regional democratic level but it also changed the conditions for the proactive and reactive supervision.

These changes, however, have not lead to a shift into privatisation of authority. Instead, the emphasis has been on empowerment of the individual in the administrative procedure and as a result reducing the proactive and initial responsibility of the local authorities. This approach has been adopted in the Danish Building Regulations (BR10)[18] 1.3.1., where structures defined as buildings of limited complexity are exempted from the technical provisions generally applied by the municipal council and the applicant is therefore not required to submit an application covering issues like design, layout and fittings of the building, fire safety, indoor climate, energy consumption and services. It will be buildings like single-storey garages at ground level, carports, greenhouses, detached single-family houses, linked single-family houses incorporating no more than two dwellings and summer cottages.

As far as the Danish Planning Act is concerned the municipal council may empower a landowners' association or, with the relevant landowners' consent, a tenants' association to grant exemptions from the provisions of a local plan if the exemption does not contradict the principles of the plan.[19] The landowners' or tenants' association carry out the process of giving notice about the application. The decisions of associations may be appealed to the municipal council.[20] Legal proceedings to challenge decisions made by an association in accordance with authority delegated by the municipal council may not be instituted before the right to appeal to the municipal council has been exercised.

1.3 Question 3

Is there legislation concerning the private management of urban infrastructures and public spaces? Is this legislation restricted to single infrastructures and spaces or does it provide a legal framework for the private management of entire neighbourhoods and other urban areas? Is the management of those neighbourhood and areas restricted to owners or neighbours associations or can concessionaires or other private commercial companies perform it? How does it guarantee municipal or public control of management decisions?

The initial starting point of this answer is the general legislation relating to urban infrastructures like electricity, heating, water distribution, sewer

18 http://www.ebst.dk/file/155699/BR10_ENGLISH.pdf.
19 Planning Act § 21, subsection 1.
20 Ibid., § 58a.

services and roads. From the end of the 1990's the energy and water sector has undergone substantial changes in terms of ownership, contestability and pricing. The overall changes of the energy sector were initiated to adapt to the EC Internal Market to ensure efficiency and competition without compromising supply stability and the protection of the environment.

Electricity

Today, only the companies owning the electricity grid enjoy the exercise of a monopoly, while producing and trading electricity is subject to competition. The consumers may choose a supplier of their own choice but if they do not wish to exercise this right, they are nevertheless guaranteed the supply of electricity to a public regulated price.[21]

Heating

The municipalities are responsible for the district heating system planning within the framework set by the Danish Energy Agency. This framework takes into due consideration the socioeconomic consequences on one hand and the pricing at the consumer level. The smaller district heating (power) plant is often owned by the local consumers but larger plants will often be owned by one or more municipalities.[22] District heating (power) plants are governed by the self-sustained principle, but this principle has been under scrutiny, because it lacks the competitive initiative.[23]

The Energy Board of Appeal

The Energy Board of Appeal is an independent appeal board under The Ministry of Climate, Energy and Building. The Board is the final administrative

21 The Electricity Supply Act in Denmark, Consolidated Act no. 279 of March 21, 2012, and further amendments.

22 The Heat Supply Act in Denmark, Consolidated Act no. 1184 of December 14, 2011, and further amendments. Please note that the regulation of extraction, distribution and pricing of natural gas differs from the measures concerning heating, cf. Natural Gas Supply Act in Denmark, Consolidated Act no. 996 of October 13, 2011, and further amendments.

23 Undersøgelse af incitamentsstrukturen i fjernvarmesektoren, Final report, COWI, Danish Energy Agency, 2009.

appeal body for decisions by public authorities under various laws governing the energy sector e.g. electricity and heating. The decisions that are subject to appeal will in most cases have been handed down by the Danish Energy Regulatory Authority (Energitilsynet), the Danish Energy Agency (Energistyrelsen) or a municipality. The decision of the Board may be tried in Court.

Water sector

In 2009 the ownership structure and pricing of municipal owned water works and sewage plants were commercialized to some extent in order to make the sector more efficient and lower the costs of water and sewage services. The companies are benchmarked for their process efficiency and annual results, but consumer prices are restricted by a price cab set by the Danish Competition and Consumer Authority.

Roads

In Denmark roads are either public or private. Private roads may be either internal access road serving just the property on which they are situated, or they may be roads serving more than one property and open for public traffic/transport. In the latter case the road is called private common road. The property owners of property adjoining the private common road are obliged to carry out maintenance, clear away the snow, preventing a slippery road in the winter etc. either by themselves or as pro rata share of the annual expenses. The municipality exercises supervisory duties.

Specific projects

Parking areas

Private property owners may as a sole purpose or an ancillary activity let out parking areas on a long/short term basis e.g. shopping centers, temporarily vacant building sites, underground car parks and residential parking areas. These arrangements are subject to private contract law and the collection of the rent charged is a matter of the court.

Please note that under Danish law the municipality will be regarded as a private property owner, if the municipality owns real estate. Several municipalities have set up arrangements with a private parking company managing the collection of rent etc. for using municipal parking areas. Parking areas such as public or private common roads, town squares etc. may also be subject to the arrangement described.

Public-Private cooperation

Public procurement of specific assignments

The classic form of public-private cooperation is to invite for tenders from private contractors for a specific public assignment e.g. cleaning at schools and nursing homes or the running of assistive device-centers. The public authority cannot transfer powers to the private contractor to decide on matters concerning public responsibility.

Public-Private Projects

PPP is the abbreviation of Public-Private Projects and sets out the process guidelines for projects suitable for division of responsibilities between the public authority and the other private contracting party. The basis of PPP is a framework for utilization of core competencies of the public authority and the private contractor respectively. The Danish Competition and Consumer Authority has drawn up a standard-model for the PPP-project as well as three specific PPP-scenarios with various differences in regard to methods of financing and exit ownership. Three examples[24] are selected in order to describe the different scenarios:

- The first phase of establishing the new National Record Office was completed in 2009. The project is a PPP based on private funding, designing and ownership of the buildings. The National Record Office is currently renting the buildings, but when the contract expires, there is an option sell/buy.[25]

---

24 Three more examples are described here: http://www.kfst.dk/udbudsomraadet/opp-standardmodellen/cases/.

25 http://www.kfst.dk/udbudsomraadet/opp-standardmodellen/cases/rigsarkivet/.

- Four court buildings in various parts of Denmark have been established as PPP based on private funding, designing and ownership of the buildings. The contract does not hold an option to buy, when it expires.[26]
- A regional council has established a multi storey car park as PPP based on private funding. The income for the private contractor depends on the usage of the parking area. The description of the project does not mention the status of ownership.[27]

Urban Regeneration Projects

These projects have their basis in the Danish Act on Urban Renewal and Urban Development. The one of interest in this context is the renewal of recreational areas. Some of the oldest residential areas in Denmark, the recreational areas are still adjoined to the properties (private and cooperative societies) and as such unsuitable as recreational areas for children as well as adults. Furthermore, many of these recreational areas have no vegetation. Establishing and furnishing a simple, common recreational area may – provided certain conditions are met – be publicly subsidized. The municipality will have supervisory duties in regard to ensure public access for residents and the maintenance of the area.

26 http://www.kfst.dk/udbudsomraadet/opp-standardmodellen/cases/de-fire-retsbygninger/.

27 http://www.kfst.dk/udbudsomraadet/opp-standardmodellen/cases/p-hus-i-aarhus/.

Helle Ina Elmer

1. Dänemark

Einleitung

Bereits seit Beginn des neuen Jahrtausends ist die Privatisierung in Dänemark Teil des politischen Alltags. Man könnte annehmen, dass allgemeine gesetzliche Maßnahmen am Anfang der Privatisierung standen. In den letzten Jahren haben sich jedoch vor allem zwei unterschiedliche Ansätze herauskristallisiert: Stärkere Marktöffnung (Bestreitbarkeit) bei öffentlichen Bauvorhaben durch Zusammenarbeit mit privaten Auftragnehmern und Deregulierung. Hierzu wurde ein Pilotprogramm auf kommunaler Ebene initiert, das in spezifischen Fällen Ausnahmeregelungen gewährt. Im Rahmen des Pilotprogramms erhalten bestimmte Gemeinden über einen Zeitraum von vier Jahren Erleichterungen bei rechtlichen Pflichten, die sie gemäß der allgemeinen Gesetzgebung erfüllen müssten. Dies ermöglicht eine bessere Wirkungsanalyse.

1.1 Frage 1

Gibt es Rechtsvorschriften, nach denen private Rechtssubjekte Flächennutzungspläne und ähnliche Dokumente initiieren und/oder erstellen können? Welches Verfahren wird in diesen Rechtsvorschriften vorgegeben und garantieren diese Rechtsvorschriften eine kommunale Kontrolle der Planungsbefugnisse? Welche Art von Bürgerbeteiligung ist in diesem Verfahren vorgesehen?

Übersicht

Im Rahmen einer Kommunalreform wurden im Jahr 2005 die vormals 271 Gemeinden freiwillig zu 98 Gemeinden zusammengeführt und die 16 Kreise wurden durch fünf Regionen ersetzt. Wenngleich durch die Reform die Planungsbefugnisse der Kreisräte lediglich auf die Gemeinderäte übertragen wurden, so waren die Auswirkungen auf den rechtlichen Rahmen des dänischen Planungssystems gewaltig.[1] Infolge der Reform wurden die Planungsbefugnisse den Gemeinderäten und in begrenztem Maße den Regionalräten übertragen.[2] Dem Umweltministerium wurden begrenzte Eingriffsbefugnisse übertragen und es hat die Möglichkeit, die Entscheidungsbefugnis an sich zu ziehen, wenn nationale Interessen betroffen sind.

Artikel 82 der dänischen Verfassung[3] setzt das Recht der Gemeinden voraus – unter staatlicher Aufsicht – ihre eigenen Belange zu regeln. Dieses Recht ist gesetzlich verbrieft und untermauert eine unabhängige Planungshoheit im Rahmen des dänischen Planungsgesetzes (Planning Act) und der bedeutenden nationalen Planungsinteressen.[4] Für gewöhnlich wird die Planungshoheit des Gemeinderates als „Planungsmonopol“ bezeichnet, in einem rechtlichen Kontext ist dieser Begriff jedoch nicht eindeutig genug. In Wirklichkeit ist der Gemeinderat verpflichtet, die Regeln der unabhängigen demokratischen Entscheidungsfindung einzuhalten. Im Falle der Raumplanung bedeutet dies, dass dem Gemeinderat die alleinige Verantwortung für die Planungsentscheidungen übertragen wird. Es wäre daher präziser, die Planungsbefugnisse der Gemeinden als „autonom im Rahmen der nationalen und regionalen Interessen“ zu bezeichnen.

Vor der endgültigen Entscheidung[5] im Gemeinderat erhalten die Bürger die Möglichkeit, das erste Gesamtkonzept des Projektes/den Planungsentwurf[6] und später auch den Bericht der Strategischen Umweltprüfung (SUP) des Planungsentwurfs[7] und den Planungsentwurf selbst (Kommunalplan,

---

1 Das dänische Planungsgesetz (Planning Act), konsolidierte Fassung Nr. 937 vom 24. September 2009 und nachfolgende Gesetzesänderungen.

2 In Übereinstimmung mit § 22c des Planungsgesetzes (Planning Act) verabschieden die Regionalräte alle vier Jahre einen Regionalentwicklungsplan.

3 Die dänische Verfassung vom 5. Juni 1953.

4 Die bedeutenden nationalen Planungsinteressen werden gemäß Planungsgesetz, § 2a, alle vier Jahre (und jeweils) vor Überprüfung des Kommunalplans durch die Gemeinden veröffentlicht (siehe Planungsgesetz, § 23a). (Der „Kommunalplan“ entspricht dem dt. „Flächennutzungsplan“.).

5 Vgl. Planungsgesetz, § 27.

6 Ebd., § 23c.

7 Einschätzung der Auswirkung von bestimmten Plänen und Programmen auf das dänische Umweltgesetz (Environment Act), konsolidierte Fassung Nr. 936 vom 24. September 2009 und nachfolgende Gesetzesänderungen, § 8.

Änderungen des Kommunalplans und des Lokalplans[8] (Städte und ländliche Gebiete)) in einem 8-wöchigen Beteiligungsverfahren[9] einzusehen und zu kommentieren. Falls eine Umweltverträglichkeitsprüfung (UVP) für das Projekt erforderlich ist, erhalten die Bürger die Möglichkeit, auch den UVP-Bericht einzusehen und zu kommentieren. Hierbei gilt es zu beachten, dass das UVP-Verfahren im Planungsgesetz verankert ist und die Erteilung einer UVP-Genehmigung eine Änderung des kommunalen Plans unter Aufnahme der für das Projekt geltenden Richtlinien voraussetzt.[10]

Gesetzliche Bestimmungen für die Beteiligung von privaten Rechtssubjekten am Prozess der Raumplanung

Abgesehen von UVP-bedingten Änderungen am Kommunalplan sind die detaillierten Bestimmungen für das Projekt und/oder die räumliche Nutzung des Gebietes ausschließlich im Lokalplan geregelt (Städte und ländliche Gebiete). Eine detaillierte Regelung bedarf des Wissens um die physischen Bedingungen und den Planungsentwurf. Bei Projekten, die vom Grundstückseigentümer initiiert werden, kann daher mit Recht davon ausgegangen werden, dass der Eigentümer, der auch gleichzeitig der Projektentwickler sein kann, sobald der Planungsprozess das Stadium des Entwurfs eines Lokalplans erreicht hat, am besten in der Lage sein wird, die entsprechenden Informationen bereitzustellen. Die Ergebnisse einer relativ aktuellen Studie[11] belegen, dass rund 70 Prozent aller Lokalpläne von Grundstückseigentümern initiiert werden und dass mindestens 19 Prozent dieser Pläne von einem Planungssachverständigen erstellt werden.[12] Aus der Studie geht jedoch nicht hervor, wer die Kosten für die Entwürfe übernommen hat.[13]

---

8 Anm. d. Übers.: Der „Lokalplan“ entspricht in etwa dem dt. „Bebauungsplan“.

9 Vgl. Planungsgesetz, § 24.

10 Ebd., § 11g.

11 Vgl. A. Post, L.T. Hvingel, und J. Møller, Lokalplanlægning i Danmark 2009–2011: 1. delrapport. Institut for Samfundsudvikling og Planlægning, Aalborg Universitet. Skriftserien for Institut for Samfundsudvikling og Planlægning, nr. 2010–02.

12 Ebd., Seite 29 f.

13 Ebd., Seite 30.

Darüber hinaus gibt es im dänischen „Case-Law“[14][15] (Entscheidungen des Obersten Gerichts) Beispiele dafür, dass der Entwurf eines Lokalplans als Klausel in eine bedingte Auflassungsurkunde (vertragsrechtliche Fälle) aufgenommen wurde, bei denen die Gemeinde der Verkäufer und das private Rechtssubjekt der Käufer von Grundbesitz war.

Wenngleich diese Angaben über den Planungsalltag darauf hinweisen, dass die Erstellung von Planentwürfen eher häufig in Verträge mit privaten Rechtssubjekten aufgenommen werden, so spiegeln die Angaben die gesetzlichen Bestimmungen des Planungsgesetzes nicht wider, denn das Planungsgesetz (Planning Act) setzt eine vom Gemeinderat initiierte Planung voraus und lässt wenig Spielraum für die Einbeziehung von privaten Rechtssubjekten in den Raumplanungsprozess. Folgende Optionen bestehen:

Fachliche Hilfe

Vor der Parzellierung eines großen Gebietes bzw. vor Beginn eines größeren Erschließungsvorhabens soll der Gemeinderat, falls diese Art von Projekt im Einklang mit dem Kommunalplan steht, einen Vorschlag für einen Lokalplan erstellen. Bei der Erstellung des Plans benötigt der Gemeinderat möglicherweise die Hilfe des Projektentwicklers.[16] Die legislative Vorgeschichte des Planungsgesetzes und das „Case-Law“ zeigen, dass der Gemeinderat vom privaten Rechtssubjekt lediglich fachliche Hilfe anfordern kann. Diese fachliche Hilfe kann die Form von Architekturzeichnungen, Textentwürfen etc. annehmen. Der Eigentümer ist jedoch nicht verpflichtet, der Kommunalverwaltung die Erstellung des Entwurfs oder die öffentliche Bekanntmachung des Lokalplanentwurfs zu erstatten.

Wenngleich der Lokalplanentwurf von einem privaten Rechtssubjekt erstellt wurde, so liegt die Entscheidungskompetenz dennoch beim Gemeinderat und die Bürger sind gleichwohl berechtigt, wie oben erwähnt, den Entwurf einzusehen und zu kommentieren.

---

14 Anm. d. Übers.: Auf früheren Entscheidungen beruhendes Recht, Präzedenzrecht.

15 Vgl. Ugeskrift for Retsvæsen (Wöchentliche Entscheidungssammlung) 2007, Seite 1087 H. Siehe auch Ugeskrift for Retsvæsen 2008, Seite 1969 H.

16 Vgl. Planungsgesetz, § 13, Absatz 2 und 3.

Sicherheit für die Kostenerstattung

Wenn ein Grundstückseigentümer die Umwandlung eines Grundstücks von einer ländlichen in eine städtische Fläche beantragt, um ein Erschließungsvorhaben durchzuführen, kann der Gemeinderat vom Eigentümer des Grundstücks verlangen, dass dieser vorbehaltlich der Genehmigung durch die Gemeinde eine Sicherheit leistet, um für den Fall, dass das Vorhaben nicht umgesetzt wird, sicherzustellen, dass die Gemeinde sich die verauslagten Kosten für die Erstellung des Lokalplans und die Ergänzung des Kommunalplans erstatten lassen kann.[17] Wenn der Grundstückseigentümer dies verlangt, kann diese Sicherheit auch die Kosten mit einschließen, die der Gemeinde beim Eigentumserwerb an dem Grundstück entstehen.[18]

Wird mit der Umsetzung des Erschließungsvorhabens nicht innerhalb von vier Jahren nach Umwandlung des Grundstücks in eine städtische Fläche begonnen, kann die Gemeinde die Erstattung der Kosten, die ihr aus Entwurf und Genehmigung des Lokalplans entstanden sind, verlangen. Der Grundstückseigentümer kann auf sein Recht verzichten, von der Gemeinde den Eigentumserwerb an dem Grundstück zu verlangen (vgl. Planungsgesetz, § 48).

Der Entwicklungsvertrag

Das Planungsgesetz beruht auf der Vorstellung, dass Raumplanung einen konstanten Austausch, die Entwicklung von öffentlichen und privaten Projekten sowie vorausschauende Initiativen beinhaltet. Darüber hinaus besteht oftmals eine komplizierte Wechselbeziehung zwischen dem Gemeinderat und privaten Bauträgern. Folglich besteht eine Diskrepanz zwischen der dem Planungsgesetz zugrunde gelegten Vorstellung von kommunaler Raumplanung und ihrer tatsächlichen Realität. Artikel 21 b des Planungsgesetzes gestattet es Gemeinderäten schließlich doch, einen Entwicklungsvertrag mit dem Grundstückseigentümer von Gebieten zu schließen, die im Kommunalplan als städtische Fläche, Wochenendhaussiedlung oder als

---

17 Ebd., § 13, Absatz 4.

18 Ebd., § 48 und A.B. Boeck, Lov om planlægning med kommentarer, 2. Ausg., Jurist- og Økonomforbundets Forlag, 2002, Seite 169.

ländliche Fläche ausgewiesen sind. Das private Rechtssubjekt muss hierbei der Eigentümer des Grundstücks sein, auf dem die Planungsbestimmungen umgesetzt werden sollen. Folglich müssen Projektentwickler, Unternehmer usw. die Eigentümer der betreffenden Grundstücke sein. Die Initiative liegt allein beim privaten Rechtssubjekt, denn das private Rechtssubjekt sollte als Grundstückseigentümer den Vorteil sehen, den der Abschluss eines solchen Vertrages darstellt, und finanzielle Unterstützung bei der Entwicklung der baulichen Infrastruktur anbieten.

Vor Abschluss eines Entwicklungsvertrages müssen zwei Voraussetzungen erfüllt sein: Zu allererst muss sowohl der Eigentümer als auch der Gemeinderat den Vertrag aus freiem Willen schließen. Das private Rechtssubjekt ist nicht dazu verpflichtet, finanzielle Unterstützung anzubieten und umgekehrt ist auch der Gemeinderat nicht dazu verpflichtet, ein Angebot vom Grundstückseigentümer anzunehmen. Dadurch, dass der optionale Aspekt des Vertragsschlusses betont wird, ist die Frage einer Enteignung von vornherein ausgeschlossen.

Die zweite Voraussetzung befasst sich mit der Möglichkeit, bestimmte Bedingungen an den Vertrag zu knüpfen. Sind den Forderungen des Gemeinderates Grenzen gesetzt? Kann der Gemeinderat als Gegenleistung für die Beschleunigung des Planungsprozesses den Bau eines neuen Kindergartens fordern? Die Antwort lautet jein. Allgemein wird die Trennlinie so gezogen, dass der Vertrag sich ausschließlich auf kommunale Aufgaben der Infrastrukturplanung und der infrastrukturellen Einrichtungen beziehen darf, die der Raumplanung unterliegen. Zwar fallen darunter bauliche Infrastrukturprojekte, die den Marktwert des Gebiets oder des Grundstücks erhöhen, aber keine soziale Infrastruktur wie Schulen oder Kindergärten. Darüber hinaus muss die betroffene Infrastruktureinrichtung öffentlich zugänglich sein und die Gemeinde ist zukünftig für die Instandhaltung derselben verantwortlich. Diese Verantwortung kann nicht auf ein anderes Rechtssubjekt, wie beispielsweise den Grundstückseigentümer, übertragen werden.

Der Ausschluss von kommunalen Bauaufträgen und Dienstleistungsaufträgen als möglichem Vertragsbestandteil ist von Bedeutung, denn § 21 b wurde nicht geschaffen, um das Verhältnis zwischen kommunalen Aufgaben und Privatunternehmertum zu stören. Neben der Forderung nach Freiwilligkeit besagt die rechtliche Definition eines Entwicklungsvertrages, dass ein solcher Vertrag ausschließlich unter das Vertragsrecht fällt. Aufgrund der Tatsache, dass es sich bei einer der Vertragsparteien um einen Gemeinderat handelt und da der Vertrag sich auf Aufgaben bezieht, die dem Gemeinderat übertragen wurden, ist nicht vollkommen sicher, dass der Vertrag vor Gericht als privatrechtliche Vereinbarung gelten würde. Daraus folgt, dass eine Behörde, die als private Vertragspartei auftritt, trotzdem an das Verwaltungsrecht und die Verfahrensvorschriften der Behörden gebunden sein kann. Diese Frage wurde in Bezug auf Entwicklungsverträge bisher noch nicht vor Gericht verhandelt; in der Tat liegt zu Entwicklungsverträgen bislang keinerlei Rechtsprechung vor.

Projekte im Bereich der baulichen Infrastruktur, die den Marktwert positiv beeinflussen können, sind u. a.:

- Bau oder Standortänderung von wichtigen kommunalen Straßennetzen, Brücken, Gleisanlagen oder Haltestellen des öffentlichen Nahverkehrs, die aus der Fertigstellung eines geplanten Bauvorhabens resultieren.
- Anlegen von Kanälen und Wasserflächen oder Aufschüttungen sowie der Bau von Kais und Hafenanlagen in Hafengebieten oder in deren unmittelbarer Nähe.
- Bau oder bauliche Aufwertung von Zubringerstraßen, kleinen Straßen und Radwegen, Parkplätzen und Beleuchtungsanlagen.
- Bau und bauliche Aufwertung/Vergrößerung oder Standortänderung von Versorgungsnetzen und Fernversorgungsnetzen, einschließlich Hochspannungsmasten, Antennen und anderer Hauptleitungen für Strom, Telekommunikation, Breitband(-Internet), Wasser und Abwasser.
- Bau oder bauliche Aufwertung von Freigeländen zu Erholungszwecken und/oder für Freiluftaktivitäten wie Parks, Stadtplätze und öffentliche Plätze sowie Strand- und Badestellen in Binnenhafengebieten.

Der Vertragsinhalt darf lediglich den folgenden Zielen dienen[19]

1) Die Qualität oder den Standard der in diesem Gebiet geplanten Infrastruktur erhöhen und damit eine Aufwertung der ursprünglich vom

---

19 Die im Anschluss genannten Beispiele wurden allesamt in der vom Generaldirektorat für Forst und Natur (Nature Agency) veröffentlichten Richtlinie für Raumplanung beschrieben (X.X S. Øster, H.I. Elmer, R.H. Haastrup, Vejledning om lokalplanlægning, 2009, S. 77–78.).

Gemeinderat geplanten Ausstattung erreichen. Der Grundstückseigentümer kann beispielsweise anbieten, den Belag einer gewöhnlichen Straße in einem Hafengebiet durch ein schöneres oder aufwendigeres Material, wie z.B. Granitstraßenplaster, zu ersetzen. Wichtig ist hierbei, dass die Gegenleistung des Bauträgers keine kommunalen Funktionen ersetzt.

2) Beschleunigung der lokalen Planung für ein Gebiet, dass gemäß den Rahmenbestimmungen des Kommunalplans zur Entwicklung durch lokale Planung vorgesehen wurde, einschließlich Stadterneuerung, bei dem eine lokale Planung jedoch den Vorschriften über die chronologische Entwicklungsreihenfolge des Kommunalplans widersprechen würde.
3) Änderung oder Ausweitung der in den Rahmenbestimmungen des Kommunalplans oder des Lokalplans für das betreffende Gebiet genannten Entwicklungsmöglichkeiten unter der Voraussetzung, dass der Grundstückseigentümer nur einen Beitrag zur Finanzierung derjenigen Infrastruktur leisten muss, welche die Gemeinde nicht ohnehin bereitstellen muss. Beispielsweise kann die Entwicklung eines Gebietes von der Umlegung einer bestehenden Straße abhängen. Der Grundstückseigentümer kann die Finanzierung der Straßenverlegung anbieten, um so die kommunale Planung für das betreffende Gebiet zu ermöglichen. Die betroffene Straße darf hierbei nicht Teil des zukünftigen kommunalen Straßenentwicklungsplans sein.

Um die Rolle des freiwilligen Entwicklungsvertrages als eine Option der Raumplanung zu betonen, wurde Artikel 21 b des Planungsgesetzes 2012 geändert. Durch die Gesetzesänderung wird noch einmal deutlicher gemacht, dass der Grundstückseigentümer die Vorbereitung und den Entwurf von notwendigen Planungsunterlagen (Änderung des Kommunalplans und des Lokalplans) bei Projekten, die § 21 b unterliegen, finanzieren kann.

Wenngleich der Entwicklungsvertrag das Ergebnis einer privaten Vereinbarung zwischen dem Grundstückseigentümer und dem Gemeinderat ist, so muss laut Planungsgesetz der Bericht, der den Entwurf eines auf dem Abschluss eines Entwicklungsvertrages basierenden Lokalplans begleitet, darlegen, welche Verbindung zwischen dem Inhalt und der Gestaltung der Bestimmungen des Lokalplanentwurfs und dem Entwicklungsvertrag besteht. Der Entwicklungsvertrag befreit den Gemeinderat nicht von seinen Pflichten als Planungsbehörde und daher ist es weiterhin Aufgabe des

Gemeinderates, den vorgeschlagenen und den endgültigen Plan zu verabschieden, die Bürgerbeteiligung (über einen Zeitraum von mindestens acht Wochen) durchzuführen, die notwendigen öffentlichen Bekanntmachungen vorzunehmen usw.

Wenn ein Entwicklungsvertragsentwurf vorliegt, so muss diese Information zeitgleich mit der Veröffentlichung des Vorschlags für eine Änderung des Kommunenplans und für den Lokalplan bekannt gegeben werden. Schließt der Gemeinderat einen Entwicklungsvertrag, so muss die Annahme des Vertrages zeitgleich mit der Annahme des Lokalplans in seiner endgültigen Form erfolgen. Außerdem ist die Öffentlichkeit über die Annahme des Entwicklungsvertrages zu informieren. Die Öffentlichkeit soll Informationen über den Entwicklungsvertrag erhalten. Der tatsächliche Vertragsinhalt muss jedoch nicht bekannt gegeben werden.

1.2 Frage 2

Gibt es Rechtsvorschriften, nach denen private Rechtssubjekte in die Überwachung und Durchsetzung von Bestimmungen bezüglich öffentlicher Flächennutzungsplanung und Bauvorschriften eingebunden werden können? Dürfen private Rechtssubjekte lediglich Bewertungsaufgaben übernehmen oder können sie auch Erschließungsgenehmigungen erteilen und nachfassende Durchsetzungsmaßnahmen ergreifen?

Im Rahmen der Kommunalreform wurden im Jahr 2007 die 14 Kreise durch 5 Regionen ersetzt und die 270 Gemeinden zu 98 Gemeinden zusammengelegt. Diese Reform war unter anderem auch eine Raumplanungsreform oder zumindest eine Reform mit Auswirkungen auf die Raumplanung. Indem man die Kreise durch Regionen ersetzte, wurden gleichzeitig die Kompetenzen für Regionalplanung und die Verwaltung des ländlichen Raums an die Gemeinden delegiert und die Überwachung der regionalen und nationalen Raumplanungsinteressen wurde teilweise an die entsprechenden Verwaltungsbehörden, z.B. an das Generaldirektorat für Forst und Natur (Nature Agency), delegiert. Indem sämtliche Raumplanungsbefugnisse außer dem Rohstoffplan an die Gemeinden delegiert wurden, veränderte die Reform nicht nur den Gestaltungsrahmen auf der regionalen demokratischen Ebene sondern auch die Bedingungen für die proaktive und reaktive Kontrolle.

Diese Veränderungen haben jedoch zu keinem Trend in Richtung Privatisierung von Kompetenzen geführt. Vielmehr lag der Schwerpunkt auf der Ermächtigung des Einzelnen innerhalb des Verwaltungsverfahrens und folglich wurde die proaktive und ursprüngliche Verantwortung der kommunalen Behörden reduziert. Dieser Ansatz wurde in die dänische Bauordnung (Building Regulation, BR10)[20] aufgenommen (1.3.1.). Hier sind Gebäude, die der Definition „Gebäude mit begrenzter Komplexität" entsprechen, von den vom Gemeinderat allgemein angewandten technischen Bestimmungen ausgenommen und der Antragsteller muss folglich keinen Antrag mit Angaben zu Entwurf, Grundriss und Ausstattung des Gebäudes, Brandschutz, Raumklima, Energieverbrauch und Medien stellen. Von dieser Reglung werden Gebäude wie ebenerdige, eingeschossige Garagen, Carports, Treibhäuser, freistehende Einfamilienhäuser und Reihenhäuser mit nicht mehr als zwei Wohneinheiten und Ferienhäuser betroffen sein.

Laut dänischem Planungsgesetz kann der Gemeinderat einer Vereinigung von Grundeigentümern oder – mit Zustimmung der betroffenen Grundeigentümer – ebenso einer Mietervereinigung eine Abweichung von den Bestimmungen eines Lokalplans genehmigen, wenn die Abweichung nicht den Grundprinzipien des Plans entgegensteht.[21] Die Vereinigung der Grundeigentümer oder Mieter übernimmt hier die Bekanntmachung des Antrags. Gegen die Entscheidung von Vereinigungen kann beim Gemeinderat Einspruch erhoben werden.[22] Bevor gegen die Entscheidungen von Vereinigungen, die entsprechende Kompetenzen von den Gemeinderäten erhalten haben, rechtliche Schritte unternommen werden, muss das Einspruchsrecht gegenüber dem Gemeinderat ausgeübt worden sein.

1.3 Frage 3

Gibt es Rechtsvorschriften, nach denen Privatunternehmen städtische Infrastruktureinrichtungen und öffentliche Räume bewirtschaften können? Beschränkt sich diese Gesetzgebung auf einzelne Infrastruktureinrichtungen und Räume oder bietet sie vielmehr den gesetzlichen Rahmen für

20 Vgl. http://www.ebst.dk/file/155699/BR10_ENGLISH.pdf.
21 Vgl. Planungsgesetz, § 21, Absatz 1.
22 Ebd., § 58a.

die Bewirtschaftung ganzer Wohnviertel und anderer städtischer Bereiche durch Privatunternehmen? Ist die Bewirtschaftung dieser Wohnviertel oder Gebiete auf die Eigentümer oder Anwohnervereinigungen begrenzt oder kann diese auch von Konzessionären oder privaten Wirtschaftsunternehmen übernommen werden? Wie garantiert die Gesetzgebung die kommunale oder öffentliche Kontrolle von Entscheidungen in Bezug auf die Bewirtschaftung?

Den Ausgangspunkt für die Beantwortung dieser Frage bildet die allgemeine Gesetzgebung zu städtischen Infrastrukturanlagen wie Strom, Heizung, Trinkwasser, Abwasser und Straßen. Seit dem Ende der 1990er Jahre kam es im Energie- und Wassersektor zu tiefgreifenden Veränderungen in Bezug auf Besitzverhältnisse, Marktöffnung (Bestreitbarkeit) und Preisgestaltung. Ziel der allgemeinen Veränderungen im Energiesektor war es, eine Anpassung an den EG-Binnenmarkt zu erreichen und auf diesem Wege Effizienz und Wettbewerb sicherzustellen, ohne dabei die Versorgungssicherheit und den Umweltschutz zu gefährden.

Elektrizität

Hier verfügen nur diejenigen Unternehmen über ein Monopol, denen das Stromnetz gehört. Stromerzeugung und -handel unterliegen hingegen dem Wettbewerb. Die Stromkunden können den Versorger frei wählen. Wenn sie dieses Recht nicht ausüben möchten, wird ihnen dennoch die Stromversorgung zu einem öffentlich regulierten Preis garantiert.[23]

Heizwärme

Die Gemeinden sind innerhalb des von der dänischen Energiebehörde festgelegten Rahmens für die Planung des Fernwärmesystems verantwortlich. In dem entsprechenden Regelwerk werden auf angemessene Art und Weise die sozioökonomischen Folgen *und* die Preisgestaltung auf Kundenebene berücksichtigt. Die kleineren (Block)heiz(kraft)werke sind oft im Besitz der lokalen Kunden, größere Anlagen gehören hingegen oft einer oder

23 Das dänische Stromversorgungsgesetz (Electricity Supply Act), konsolidierte Fassung Nr. 279 vom 21. März 2012 und nachfolgende Gesetzesänderungen.

mehreren Gemeinden.[24] (Block)heiz(kraft)werke unterliegen dem Prinzip der Autarkie. Da hier der wettbewerbliche Anreiz fehlt, wurde dieses Prinzip nun einer Prüfung unterzogen.[25]

Die Beschwerdestelle Energie

Die Beschwerdestelle Energie ist eine unabhängige Beschwerdestelle, die dem Klima-, Energie- und Bauministerium untergeordnet ist. Bei der Beschwerdestelle handelt es sich um die letzte administrative Beschwerdeinstanz für Entscheidungen von Behörden. Sie unterliegt verschiedenen Gesetzen des Energiesektors, z.B. (den Gesetzen) zu Strom und Heizwärme. Die beschwerdefähigen Entscheidungen werden in den meisten Fällen von der dänischen Energieregulierungsbehörde (dänisch: Energitilsynet), der dänischen Energiebehörde (dänisch: Energistyrelsen) oder einer Gemeinde an die Beschwerdestelle verwiesen. Die Entscheidung der Beschwerdestelle kann gerichtlich überprüft werden.

Wassersektor

Im Jahre 2009 wurden die bislang in kommunalem Besitz befindlichen Wasser- und Klärwerke teilprivatisiert. Ziel war es, den Sektor effizienter zu machen und die Kosten von Dienstleistungen in den Bereichen Trinkwasserversorgung und Abwasserentsorgung zu senken. Die Prozesseffizienz und die Jahresergebnisse der Unternehmen sind einem Benchmarking unterworfen, die Verbraucherpreise werden jedoch von der dänischen Wettbewerbs- und Verbraucherschutzbehörde gedeckelt.

---

24 Das dänische Fernwärmeversorgungsgesetz (Heat Supply Act), konsolidierte Fassung Nr. 1184 vom 14. Dezember 2011 und nachfolgende Gesetzesänderungen. Bitte beachten Sie, dass die Verordnung über Förderung, Vertrieb und Preisgestaltung von Erdgas sich von den Maßnahmen hinsichtlich Heizwärme unterscheidet. Vergleiche Gesetz über die Erdgasversorgung (Natural Gas Supply Act) in Dänemark, konsolidierte Fassung Nr. 996 vom 13. Oktober 2011 und nachfolgende Gesetzesänderungen.

25 Vgl. Undersøgelse af incitamentsstrukturen i fjernvarmesektoren, Abschlussbericht, COWI, Dänische Energiebehörde, 2009.

Straßen

In Dänemark gibt es sowohl öffentliche als auch private Straßen. Bei den privaten Straßen handelt es sich entweder um eine innere Erschließungsstraße, die das Grundstück erschließt, auf dem sie sich befindet, oder diese Straßen erschließen mehrere Grundstücke und sind für den öffentlichen Verkehr/öffentlichen Personennahverkehr geöffnet. Im letzteren Fall wird die Straße als private Gemeinschaftsstraße bezeichnet. Die Anrainer der privaten Gemeinschaftsstraße sind für die Wartung selbst verantwortlich, übernehmen den Winterdienst, um zu verhindern, dass die Straße im Winter rutschig wird usw. Sie übernehmen dies persönlich oder bezahlen einen entsprechenden Teil der jährlichen Kosten. Die Gemeinde ist zur Aufsicht verpflichtet.

Besondere Projekte

Parkflächen

Private Grundstückseigentümer können sich ausschließlich oder als einen Teil ihrer geschäftlichen Aktivität der Vermietung von Parkplätzen z.B. in Einkaufzentren, auf vorübergehend ungenutzten Bauplätzen, in Tiefgaragen oder in Wohngebieten auf lang- oder kurzfristiger Basis widmen. Diese Vereinbarungen unterliegen dem privaten Vertragsrecht und die Eintreibung der berechneten Parkgelder obliegt den Gerichten.

Es gilt zu beachten, dass eine Gemeinde, die Grundeigentum besitzt, nach dänischem Gesetz als privater Grundstückseigentümer gilt. Eine Reihe von Gemeinden hat mit Privatunternehmen vertraglich vereinbart, dass diese die Einnahme von Parkgeldern usw. für die Nutzung von kommunalen Parkplätzen übernehmen. Die oben beschriebene Vereinbarung kann bei Parkflächen auf öffentlichen Straßen und privaten Gemeinschaftsstraßen, Plätzen usw. angewandt werden.

Öffentlich-private Zusammenarbeit

Öffentliche Vergabe von bestimmten Aufgaben

Die öffentlich-private Zusammenarbeit bezieht sich üblicherweise darauf, bestimmte Aufgaben, wie z.B. die Reinigung von Schulen und Pflegeheimen oder den Betrieb von Zentren, die Behinderten den Umgang mit technischen Hilfsmittel lehren, auszuschreiben. Hierbei werden private Auftragnehmer angesprochen. Die Behörde kann dem privaten Auftragnehmer nicht die Entscheidungsbefugnis für Angelegenheiten, die in der öffentlichen Verantwortung liegen, übertragen.

Öffentlich-private Projekte

Die Abkürzung "PPP" (dt. "ÖPP") steht für "Public-Private Projects" (öffentlich-private Partnerschaft). Unter diesem Begriff sind die Prozessrichtlinien für Projekte vereint, die sich für eine Aufgabenteilung zwischen einer Behörde und einer privaten Vertragspartei eignen. Grundlage der ÖPP bildet ein Regelwerk, das die Nutzung der Kernkompetenzen der Behörde bzw. des privaten Auftragnehmers ermöglicht. Die dänische Wettbewerbs- und Verbraucherschutzbehörde hat ein Standardmodell eines ÖPP-Projektes sowie drei spezifische ÖPP-Szenarien mit diversen Unterschieden bei der Finanzierungsart und der Ausstiegsoption (möglicher Erwerb der Immobilie) entworfen. Um die verschiedenen Szenarien zu beschreiben, wurden drei Beispiele[26] ausgewählt:

- Im Jahr 2009 wurde die erste Phase des Neubaus des Staatsarchivs abgeschlossen. Bei dem Projekt handelt es sich um eine ÖPP, wobei die Gebäude privat finanziert und entworfen wurden und sich in privatem Besitz befinden. Das Staatsarchiv mietet derzeit die Gebäude, bei Vertragsablauf besteht jedoch die Möglichkeit zu verkaufen/kaufen.[27]
- Vier Gerichtsgebäude in verschiedenen Teilen Dänemarks wurden als ÖPP-Projekte gebaut, wobei die Gebäude privat finanziert und entworfen wurden und sich in privatem Besitz befinden. Im Vertrag ist keine Option enthalten, die einen Erwerb (der Gebäude) bei Vertragsablauf ermöglichen würde.[28]
- Ein Regionalrat hat ein mehrgeschossiges Parkhaus bauen lassen. Es handelt sich um ein ÖPP-Projekt, das privat finanziert wurde. Die Einkünfte

26 Drei weitere Beispiele werden unter der folgenden Adresse beschrieben: http://www.kfst.dk/udbudsomraadet/opp-standardmodellen/cases/.

27 Vgl. http://www.kfst.dk/udbudsomraadet/opp-standardmodellen/cases/rigsarkivet/.

28 Vgl. http://www.kfst.dk/udbudsomraadet/opp-standardmodellen/cases/de-fire-retsbygninger/.

des privaten Auftragnehmers hängen von der Auslastung des Parkhauses ab. Die Projektbeschreibung enthält keine Angaben zu den Eigentumsverhältnissen.[29]

Stadtsanierungsprojekte

Diese Projekte gründen auf dem dänischen Gesetz für Stadtsanierung und Stadtentwicklung (Act on Urban Renewal and Urban Development). In diesem Zusammenhang ist die Erneuerung von Erholungsbereichen von Interesse. In (Original unklar) einigen der ältesten dänischen Wohngebiete sind die Erholungsbereiche immer noch mit den (privaten oder genossenschaftlichen) Grundstücken verbunden und als solche sind sie als Erholungsbereiche für Kinder und Erwachsene gleichermaßen ungeeignet. Darüber hinaus fehlt es vielen dieser Erholungsbereiche an Pflanzenbestand. Der Bau und die Ausstattung von einfachen, allgemein zugänglichen Erholungsbereichen kann unter bestimmten Bedingungen öffentlich gefördert werden. Die Gemeinde übernimmt die Aufgabe, den öffentlichen Zugang für die Anwohner und die Instandhaltung des Bereiches zu kontrollieren.

29 Vgl. http://www.kfst.dk/udbudsomraadet/opp-standardmodellen/cases/p-hus-i-aarhus/.

Stephan Mitschang and Tim Schwarz

2. Germany

Introduction

Urban planning is a sovereign function of municipalities in Germany. This is subsumed under the concept of local planning autonomy. However this does not exclude participation of private third party. As in other areas greater private participation in the performance of public duties[1] is observed in the field of urban planning in recent years. The reasons therefore are manifold. For example, the often limited financial and human resources of local governments lead to outsourcing certain procedural steps in the preparation of a land-use plan. Furthermore there are also private initiatives that are supported partually by public funding. Moreover there are now different rules on participation and cooperation between public and private sectors. Within the field of urban planning most regulations can be found in the Federal Building Code (BauGB)[2].

Since the early 1970s urban renewal, including urban redevelopment measures, has been regulated legally. Within these procedures cooperation between the community on the one hand and the stakeholders, especially the owners, tenants and leaseholders, on the other hand shall be achieved. The stakeholders should be stimulated to participate. Often the success of a redevelopment is even largely dependent on the commitment of the private participants. Commonly urban redevelopment measures are not realizable without private initiatives.[3]

At the beginning of the 1990s especially in the eastern federal states there were huge investment needs, which could not be covered solely by the public sector. For that reason the instrument of the project- and

---

1 Schubert, Privatisierung des eGovernment, Stuttgart 2009, S. 66.

2 Baugesetzbuch (BauGB), in der Fassung der Bekanntmachung vom 23.9.2004 (BGBl. I S. 2414), zuletzt geändert durch Artikel 1 G. v. 15.7.2014 (BGBl. I S. 954).

3 Krautzberger, Stadterneuerung und Stadtentwicklung durch Private?, DVBl. 2008, 337 (339).

infrastructure plan was introduced in the Federal Building Code. This plan allows a close cooperation between municipality and private sector. Although the municipality keeps sovereign local planning autonomy, while the investor generates the urban planning. He also commits to realise the planning and to take over the planning and development costs.[4]

In 1998 another instrument was added to the Federal Building Code, which promotes the increased privatization within urban planning through the urban planning contract. Municipalities and private or legal persons can enter into contracts with each other, pursuant to Article 11 Federal Building Code. Within such a contract the affiliate commits oneself to the preparation and implementation of urban development measures at his own expense or to assume any other costs incurred by the municipality due to urban development measures.[5] This addition of the sovereign regulatory design through cooperative arrangements is now an integral part of urban policy.[6]

By amending the Federal Building Code regulations for urban redevelopment and the social city were added in 2004. Both are state funding programs for urban renewal. Similar to urban redevelopment measures the involvement of the private sector is focused, in particular through appropriate cooperation and investment opportunities. Both programs are based primarily on "bottom up"-approaches.

The private initiatives for urban development are the most recent innovation in terms of privatization trends in planning law. 2007 a corresponding regulation has been introduced in Article 171f Federal Building Code which allows – in conjunction with federal law – the formation of private initiatives like Business Improvement Districts (BID). These are locational communities which implement measures in an area or district in private responsibilities and funding.[7] This can also include the maintenance and

---

4 Krautzberger, in: Battis/ders./Löhr, Baugesetzbuch Kommentar, 11. Aufl., München 2009, § 12, Rn. 1 ff.

5 Quaas/Kukk, in: Schrödter (Hrsg.), Baugesetzbuch Kommentar, 7. Aufl., München 2006, § 11, Rn. 4.

6 Krautzberger, 50 Jahre Städtebaurecht, NVwZ 2010, 729 (732).

7 Krautzberger, a.a.O (Fn. 3), 337 (341).

design of public space.[8] The delegation of tasks concerning the public space, which is an essential feature of European cities, illustrates very well the tension between public duty and private initiatives in urbanism.[9]

2.1 Question 1: Private initiatives in urban planning

Is there legislation concerning the initiative and/or the drafting of zoning plans and other equivalent documents by private entities? What is the procedure in that legislation and does it guarantee municipal control of planning powers? How is public participation organized in this procedure?

Preface

To facilitate understanding of the answer, it is necessary to briefly summarise the basic principles of German urban development law. Article 28(2)1 of the German Constitution[10] guarantees municipalities the right to regulate all local affairs within the law and in their own responsibility. An essential concern of local municipalities is urban development planning, for which they are also responsible by virtue of the planning autonomy bestowed upon them.[11] Planning autonomy affords municipalities the right to plan and regulate the use of land in their own responsibility and to generate land-use plans for this purpose.[12] The non-constitutional basis of German urban development law is the German Federal Building Code (BauGB)[13]. Chapter 1 (General urban planning legislation) of the Federal Building Code regulates – among other things – land-use planning, which

8 Martini, Der öffentliche Raum zwischen staatlicher Aufgabenwahrnehmung und privater Initiative, DÖV 2008, 10 (11).

9 Mitschang/Schwarz, Der öffentliche Raum als Gegenstand der Bauleitplanung, in: Berding/Havemann/Pegels/Perenthaler (Hrsg.), Stadträume in Spannungsfeldern, Detmold 2010, 70 (94).

10 Grundgesetz für die Bundesrepublik Deutschland in der im Bundesgesetzblatt Teil III, Gliederungsnummer 100–1, veröffentlichten bereinigten Fassung, zuletzt geändert durch Art. 1 des G. v. 11.7.2012 (BGBl. I S. 1478).

11 Finkelnburg/Ortloff/Kment, Öffentliches Baurecht, 6. Aufl., München 2011, § 5, Rn. 4.

12 Ebd., Rn. 1.

13 Baugesetzbuch, a. a. O. (Fn. 2).

features two planning levels.[14] These are, firstly the preparatory land-use plan and secondly (legally) binding land-use planning. In preparatory land-use planning the proposed land-use for the entire municipality is outlined in the preparatory land-use plan.[15] The preparatory land-use plan contains e.g. general residential building areas, commercial development zones, green areas, agricultural areas and areas reserved for infrastructures.[16] The details of features outlined in the preparatory land-use plan are specified during binding land-use planning, which culminates in the adoption of a binding land-use plan. This plan is extremely detailed and provides plot-level representations of concrete specifications for the type and extent of building-use, plot areas to be built on and local circulation areas both for entire urban areas, as well as for individual plots.[17]

A local plan is therefore an instrument employed by the municipality to regulate and influence the use of plots mainly for building purposes. According to Article 30 Federal Building Code, a scheme in the area in which a (qualified) binding land-use plan applies is permissible if it does not contravene its specifications and the provision of infrastructures is ensured.[18] In addition to its contents, the Federal Building Code also regulates the procedure for preparing land-use plans (preparatory land-use plan and legally binding land-use plan).

By virtue of municipal planning autonomy, the development and process of preparing land-use plans are the distinct responsibility of the municipalities. Having said that, however, it is also possible to delegate not only the preparation, but also individual procedural steps to a private third-party. The corresponding legal regulations are given in:

- Article 4b Federal Building Code (Third Party Involvement)
- Article 11 Federal Building Code (Urban Development Contract)
- Article 12 Federal Building Code (Project and Infrastructure Plan)

These instruments will be described below in more detail.

---

14 Hendler/Koch, Baurecht, Raumordnungs- und Landesplanungsrecht, Stuttgart 2009, 5. Aufl., S. 147, Rn. 2.

15 Finkelnburg/Ortloff/Kment, a. a. O. (Fn. 11), Rn. 1.

16 Ebd.

17 Ebd., § 8, Rn. 28.

18 Ebd., § 5, Rn. 3.

2.1.1 Third Party Involvement

The preparation of a land-use plan can be a complicated and time-consuming undertaking that frequently exceeds the scope of the human resources available to smaller municipalities. In 1998 the Spatial Planning Law[19] was passed to enable the procedural steps involved in preparing a land-use plan to be delegated to a third-party.[20] The legal provision reads as follows:

> *Article 4b Involvement of a Third Party*
>
> *The municipality may delegate the preparation and implementation of the steps described in Articles 2a to 4a (Federal Building Code) to a third party, in particular, in order to accelerate the land-use planning procedure.*

The process of adopting a land-use plan is normaly initiated by the local council[21] in a *resolution to prepare a land-use plan.*[22] Although the resolution to prepare a land-use plan is provided for in Article 2 (1) Federal Building Code, it is not a mandatory part of the planning process.[23] It can, however, only be adopted by the local council. Third parties are not entitled to require the preparation of land-use plan. Neither can such a right be established in a contract.[24]

The decision by the municipality to adopt or amend a land-use plan is to be publicised at the earliest possible time (Article 3(1) Federal Building Code) to ensure public agencies have sufficient the opportunity to voice their opinions on the decision (Article 4(1) Federal Building Code).[25] Such participation must be at an early planning stage to allow the incorporation of any changes and suggestions into the land-use plan.[26] At the same time, the early participation of public agencies pursuant to Article 4(1) Federal

19 Gesetz zur Änderung des Baugesetzbuchs zur Neuregelung des Rechts der Raumordnung (Bau- und Raumordnungsgesetz 1998 – BauROG) v. 18.8.97 (BGBl. I S. 2081).

20 Battis, in: ders./Krautzberger/Löhr, Baugesetzbuch Kommentar, 11. Aufl., München 2009, § 4b, Rn. 1.

21 Kuschnerus, Der sachgerechte Bebauungsplan, 4. Aufl., Bonn 2010, S. 438.

22 Schmidt-Eichstaedt, Städtebaurecht, 4. Aufl., Stuttgart 2005, S. 124.

23 Ebd., S. 129.

24 § 1 Abs. 3 S. 2 BauGB.

25 Schmidt-Eichstaedt, a. a. O. (Fn. 22), S. 130.

26 Ebd., S. 132.

Building Code also serves to determine the extent and level of detail of the environmental assessment (scoping). In accordance with Article 4b Federal Building Code, a private third party (planning office) can be charged with the tasks of implementing early participation and preparing the environmental report. The information acquired by early participation is included in the draft land-use plan. Again, a private third part (planning office) can also be charged with drawing up the draft land-use plan. The draft land-use plan is then subjected to a further participation process, which must involve the public (Article 3(2) Federal Building Code) and the public agencies (Article 4(2) Federal Building Code). A private third party can also implement the second stage of the involvement procedure. Such third party draws up plan documents and compiles them for public display in the municipality; it also dispatches them to the respective public agencies. The private third party can also catalogue the opinions and comments provided by the public and the public agencies according to subject matter and use them to prepare a proposal to be put forward for consideration.[27] However, the ultimate consideration and balancing of public and private interests remains the responsibility of the municipality.[28] The final resolution on the plan can also only be made by the municipality, as can the resolution to prepare a land-use plan.[29]

Once the resolution has been adopted, the preparatory land-use plan and certain binding land-use plans are then presented to the higher administrative authorities for approval. They check for the correctness of the preparation procedure. The approval authority is not authorised to reject any content of the plan.[30] The land-use plan becomes effective by giving public notice of the approval or ordinance decree. Prior to notice of approval, the original plan must be issued in the form of a certificate as verification that the content of the plan is consistent with the will of the municipality.[31] With announcement of the approved plan, all those concerned

---

27 Kuschnerus, a. a. O. (Fn. 21), S. 504.

28 § 1 Abs. 7 BauGB.

29 Kuschnerus, a. a. O. (Fn. 21), Rn. 1011 f.; Schmidt-Eichstaedt, a. a. O. (Fn. 22), S. 155.

30 Schmidt-Eichstaedt, a. a. O. (Fn. 22), S. 158.

31 Kuschnerus, a. a. O. (Fn. 21), Rn. 1027; Schmidt-Eichstaedt, a. a. O. (Fn. 22), S. 159.

or interested must also be informed where they can exercise their right of inspection.[32] These procedural steps cannot be delegated to a third party.

Figure 1: Procedural steps involved in the preparation of a land-use plan and their possible delegation to a private third party

Procedural step	Delegation to third party
Resolution to prepare a land-use plan (Article 2(2) Federal Building Code	Can only be made by the municipality!
Early public involvement (Article 3(1) Federal Building Code)	Realisation of participation
Early involvement of public agencies (Article 4(1) Federal Building Code) and co-ordination with adjoining municipalities (Article 2(2) Federal Building Code) Notification and extent of environmental assessment (scoping)	Realisation of involvement and co-operation with adjoining municipalities
Drafting explanatory statement for land-use plan (including environmental report)	Drafting land-use plan by third party (planning office)
Public display of draft land-use plan (Article 3(2) Federal Building Code)	Realisation of participation
Involvement of public agencies (Article 4(2) Federal Building Code)	Realisation of participation
Preparatory land-use plan Declaratory resolution Land-use plan: ordinance decree (Article 10(1) Federal Building Code)	May be prepared: but resolution can only be adopted by the municipality!
Approval by higher administrative authority or notification procedure (Article 6(1) and 10(2) Federal Building Code)	–
Issuance, advertisement (Sections 6(5) and 10(3) Federal Building Code)	Preparation by third party Announcement must be via official channels (e.g. official journal, notice)

32 Kuschnerus, a. a. O. (Fn. 21), Rn. 1035; Schmidt-Eichstaedt, a. a. O. (Fn. 22), S. 159.

Procedural step	Delegation to third party
Entry into force (Articles 6 and 10 Federal Building Code)	–
Monitoring (Article 4c Federal Building Code)	No delegation to third party Monitoring must be through the municipality!

Own representation

For the most part, the tasks delegated to private third parties are limited to drafting the plan and preparing and enabling participation of the public and the public agencies.[33] This partial privatisation of procedural steps contributes to improving the interaction between private enterprise and the municipality.[34] But the role of the third party still remains that of an administrative aide, with no form of official authority.[35] In this respect it is merely a kind of functional privatisation.[36]

The actual formal process of preparing, altering or amending a land-use plan therefore remains unchanged. This applies particularly to the two stages of public participation. The municipality remains responsible for the land-use planning process. When considering its decisions on the land-use plan it must therefore ensure it is in possession of all relevant information from the respective third party.[37] Through its presence during all stages of the process, the municipality must demonstrate firstly that it is still charge, despite enlisting the support of third parties and secondly, that it is eager to involve the public.[38]

33 Schmidt-Eichstaedt, a. a. O. (Fn. 22), S. 159.

34 Battis, a. a. O. (Fn. 20), Rn. 9.

35 Finkelnburg/Ortloff/Kment, a. a. O. (Fn. 11), § 6, Rn. 14.

36 Mitschang, Steuerung der städtebaulichen Entwicklung durch Bauleitplanung, München 2003, S. 330.

37 Finkelnburg/Ortloff/Kment, a. a. O. (Fn. 11), § 11, Rn. 14; Gatz, in: Schlichter/Stich (Hrsg.), Berliner Kommentar zum Baugesetzbuch, 3. Aufl., Stand: 8. Lfg. 7/2007, § 4b, Rn. 1.

38 Löhr, in: Battis/Krautzberger/ders., Baugesetzbuch Kommentar, 11. Aufl., München 2011, § 11, Rn. 2.

2.1.2 The urban development contract

A versatile instrument in the interaction with private undertakings is the urban development contract in Article 11 Federal Building Code. This is a public-law cooperation agreement between a private third party and the administration[39]; it is also referred to as an 'administration contract'.[40] The Federal Building Code provides a number of examples for the subject matter of contracts, some of which are listed below.[41]

Preparation and realisation of urban development measures

In addition to adopting the procedural steps for the preparation of a land-use plan described above, in accordance with Article 11(2)1 Federal Building Code, the preparation and realisation of urban development measures by and at the expense of a third party can, for example, also be agreed in what is known as a project-planning contract.[42] These include, in particular, agreements on drawing up urban development planning concepts and land-use plans, including the environment report and any necessary experts' reports, the preparation and organisation of process steps up to and including reordering plot boundaries, restoring soil or demolishing buildings.[43] As already pointed out above, this does not affect the municipality's responsibility for the land-use plan procedure, which remains unchanged.[44] Neither is it possible to establish an obligation to prepare a land-use plan in a contract.[45]

Plan implementation contracts

The plan implementation contracts described in Article 11(1)2 Federal Building Code serves to promote and safeguard the purposes of land-use planning. Prior to the preparation of a land-use plan, it is possible to enter

39 Ebd., Rn. 1.
40 Bunzel/Coulmas/Schmidt-Eichstaedt, Städtebauliche Verträge – ein Handbuch, 3. Aufl., Berlin 2007, S. 20.
41 Löhr, a. a. O. (Fn. 38), Rn. 4.
42 Ebd., Rn. 6.
43 Finkelnburg/Ortloff/Kment, a. a. O. (Fn. 11), § 11, Rn. 5.
44 Ebd.
45 § 1 Abs. 3 S. 2 BauGB.

into contracts with property owners to promote realisation of the planning purpose.[46] A further objective of such agreement could be to provide compensation for any impact on the natural environment, which can thus be safeguarded.[47] In addition, agreements could also be reached on meeting the housing needs of low-income sectors of the population or the local community,[48] which exceed the regulatory possibilities of the binding land-use plan.

Resultant Costs Agreement

Expenditure incurred by the municipality as a result of new settlements for facilities and equipment for public use can be funded by a resultant costs agreement pursuant to Article 11(2)3 Federal Building Code. They shall be the act of actually generated or incurred costs and expenses of the municipality for urban development measures, for example the provision of public facilities.[49]

However not possible is the acceptance of costs of other public authorities (e.g. federal and state roads or buildings for the police).[50]

Climate Protection Agreement

Protection of the climate is another topic which can be subject of plan implementation contracts. Pursuant to Article 11(2)4 Federal Building Code[51] the utilisation of combined heat-power grids and plants or solar systems on buildings can be stipulated in a climate protection agreement. As with the other possible contract contents an urban context is required also for a climate protection agreement.[52]

---

46 Löhr, a. a. O. (Fn. 38), Rn. 10.

47 Ebd., Rn. 12.

48 Ebd., Rn. 13 f.

49 Löhr, a. a. O. (Fn. 38), Rn. 16; Quaas/Kukk, a. a. O. (Fn. 5), Rn. 26; Reidt, in: Battis/Krautzberger/Löhr, Baugesetzbuch Kommentar, 12. Aufl., München 2014, § 11, Rn. 29.

50 Quaas/Kukk, a. a. O. (Fn. 5), Rn. 27.

51 Löhr, a. a. O. (Fn. 38), Rn. 20.

52 Krautzberger, in: Ernst/Zinkahn/Bielenberg/ders., Baugesetzbuch Kommentar, Loseblattsammlung, Stand 11/2011, München, § 11, Rn. 165.

Limits of urban development contracts

An important factor when applying urban development contracts is the observance of acceptance levels and admissibility criteria. This applies, first and foremost, to the observance of established law (primacy of law), whereby a contract may not preclude legal requirements.[53] In addition, the contractually agreed performance between a private third party and a municipality must be in proportion to the overall circumstances (prohibition of disproportionate measures).[54] This ensures that the municipality, in its role of sole holder of planning autonomy, does not exploit its position to require excessive counterperformance by third parties.[55] Thirdly, all services agreed in an urban development contract must be directly materially related to the performance contracted by the municipality (prohibition of tying). An urban development contract may not include an existing claim for performance that has already been legally established.[56] Finally, the provisions of the public procurement law must also be observed when entering into an urban development contract.[57]

Article 11(3) Federal Building Code requires urban development contracts to be in writing. Verbal agreements are irregular and therefore invalid.[58] Civil disputes arising between contracting parties can be brought before the administrative court.[59] The preparation procedure for the land-use plan – particularly public involvement – is not affected, as the formal procedure is unaltered and the municipality remains legally responsible for drawing up the plan.[60] This means that all formal resolutions must be implemented by the municipality and may not be delegated to a third party.[61]

53 Löhr, a. a. O. (Fn. 38), Rn. 21; Finklenburg/Ortloff/Kment, Öffentliches Baurecht, 6. Aufl., München 2011, § 11, Rn. 10.
54 Löhr, a. a. O. (Fn. 38), Rn. 20.
55 Finkelnburg/Ortloff/Kment, a. a. O. (Fn. 11), § 11, Rn. 10.
56 Ebd., Rn. 12; Löhr, a. a. O. (Fn. 38), Rn. 24.
57 Finkelnburg/Ortloff/Kment, a. a. O. (Fn. 11), § 11, Rn. 14.
58 Bunzel/Coulmas/Schmidt-Eichstaedt, a. a. O. (Fn. 40), S. 54.
59 Ebd.
60 § 11 Ab. 1 S. 1 BauGB.
61 Battis/Krautzberger/Löhr, Baugesetzbuch Kommentar, 11. Aufl., München 2009, S. 272.

In practice, urban development contracts have become widely accepted and complement land-use planning in a number of ways.[62]

2.1.3 Project and infrastructure plan

A further opportunity for third party involvement is what is known as the project and infrastructure plan (project-related binding land-use plan) as provided for in Article 12 Federal Building Code. This instrument was already provided in the Construction Planning and Approval Regulation (BauZVO) in the GDR in 1990. Its rationale was the provision a legal construction-planning basis to meet the urgent investment needs of the former GDR.[63] Its purpose was to facilitate cooperation with private third parties. With the 1998 spatial planning law, the project and infrastructure plan was integrated into urban planning legislation and has undergone continuous development ever since.[64]

As the project and infrastructure plan does not constitute an offer but is prepared against the background of a specific project, for which the developer is already known, it is classed as a special (sub-)type of binding land-use plan.[65] The building law is therefore created for a specific project and upon which the plan is based. It is a three-part instrument:

- the project and infrastructure plan
- an agreement of implementation (urban development contract) between the municipality and the Investor and
- the project-related binding land-use plan.

In the project and infrastructure plan the investor specifies the details of the project to be realised on his or her property. These include, in particular, the type and extent of use for building, the plot area to be built on, parking areas, circulation areas and guidelines for immission control. The project and infrastructure plan forms the basis for the agreement of implementation

62 Finkelnburg/Ortloff/Kment, a. a. O. (Fn. 11), § 11, Rn. 2.
63 Ebd., § 10, Rn. 2.
64 Krautzberger, Durchführungsvertrag beim Vorhaben- und Erschließungsplan nach § 12, im Internet unter: http://www.krautzberger.info/file/page/aufsaetze_vortraege/durchfuehrungsvertrag_30062006.pdf, S. 1, Zugriff am 14.08.12.
65 Finkelnburg/Ortloff/Kment, a. a. O. (Fn. 11), § 10, Rn. 3 f.

between the municipality and investor. The investor undertakes to carry out the project and all related measures within a specific time and to allocate planning costs.[66] The municipality then commences the preparation process for the project-related binding land-use plan. The municipality does not usually initiate the process, but rather the investor approaches the municipality with a planning wish and applies for the binding land-use plan procedure to be set in motion.[67] The municipality is obliged to decide on the investor's application. It should be noted, however, that the project-related binding land-use plan does not create the obligation to prepare a binding land-use plan.[68] When the municipality has adopted the project-related binding land-use plan it is then subjected to the standard procedure for drawing up a land-use plan (see above). This entails a two-stage process for the involvement of the public and public agencies, as well as co-ordination with adjoining municipalities. The justification of the binding land-use plan is also subject of the involvement process, in which all issues related to the agreement of implementation are presented.[69] As described above, this could involve the municipality delegating the preparation and realisation of procedural steps to a third party[70] and can also be included in the agreement of implementation.

As with the delegation of individual procedural steps pursuant to Article 4b Federal Building Code, or the urban development contract pursuant to Article 11 Federal Building Code, the aim of the project-related binding land-use plan is to relieve the municipality of tasks associated with planning and infrastructure and promote third-party initiative.[71]

---

66 Ebd., Rn. 17; Krautzberger, a. a. O. (Fn. 4), Rn. 14.
67 § 12 Abs. 2 BauGB.
68 Finkelnburg/Ortloff/Kment, a. a. O. (Fn. 11), § 10, Rn. 25.
69 Busse/Grziwotz, VEP – Der Vorhaben- und Erschließungsplan, 2. Aufl., Berlin 2006, Rn. 335.
70 Ebd., Rn. 337.
71 Löhr, a. a. O. (Fn. 38), Rn. 9.

2.2 Question 2: Private Involvement in implementation of urban planning

Is there legislation concerning the involvement of private entities in the control and enforcement of public zoning and building regulations? Are private entities only allowed to perform assessment tasks or can they issue development permits and take follow-up enforcement measures?

Preface

To answer the question a distinction must first be made between construction planning law and building regulations law. German building law encompasses all legal regulations on whether a plot can be built upon or used in any other way relevant to land law.[72] In this respect a distinction is made between public and private building law. Public building law encompasses the regulations to be observed in the public interest when a plot is built upon or otherwise utilised.[73] It is divided into construction planning law and building regulations law. Whereas the construction planning law mainly defines possible uses of the soil, the building regulations law is concerned with requirements for the design and construction of a building, building materials and the building permit procedure.[74] Building regulations law arises from municipal building inspection law and deals, in particular, with risk avoidance and construction design.[75]

Legislative powers for public building law are divided between the German government and the federal states. As the government has jurisdiction over land law, it therefore wields the most power with regard to construction planning law.[76] It has used this power to issue the Federal Building Code. An essential instrument of this code is land-use planning in the form of the preparatory and the binding land-use plan.[77] The federal states have

72 Büchner/Schlotterbeck, Baurecht, 4. Aufl., Stuttgart 2011, A – Kap. 1, Rn. 2.
73 Finkelnburg/Ortloff/Kment, a. a. O. (Fn. 11), § 1, Rn. 1.
74 Garrelmann, Die Entwicklung des Bauordnungsrechts, Frankfurt am Main 2010, S. 3.
75 Büchner/Schlotterbeck, Baurecht, 4. Aufl., Stuttgart 2011, B – Kap. 1, Rn. 50.
76 Finkelnburg/Ortloff/Kment, a. a. O. (Fn. 11), § 1, Rn. 2.
77 Ebd., Rn. 5.

jurisdiction over building regulations law.[78] As a result, each of the 16 German federal states has issued a different building regulations law, which only applies in the state in which it has been issued.

2.2.1 Construction planning law

Construction planning law only allows third parties to draw up draft plans and implement the procedural steps for preparing land-use plans. It is, however, a role limited to that of administrative aide, without any kind of official authority.[79] The municipality still bears responsibility for land-use planning and must make all the decisions pertaining to it. This applies, in particular, to the decision made at the end of the land-use planning process.[80]

Municipalities are also autonomous in their responsibility to monitor adherence to the provisions of the land-use plan, as well as significant environmental impacts pursuant to Article 4c Federal Building Code (introduced with the Environmental Review) and are not permitted to delegate such tasks.

Pursuant to Article 11 Federal Building Code, enforcement regulations can be included in an urban development contract. Thus, on the basis of a plan implementation contract pursuant to Article 11(1)2 Federal Building Code, a private party could undertake to:

- construct a building,
- utilise a building or a plot in a particular way[81] or
- implement measures to compensate the impact on the natural environment.[82]

The private third party, however, must first apply for any permits required to implement such measures. For example, an application must therefore be made for the building permit required to construct a building. The

78 Ebd., Rn. 3.
79 Ebd., § 6, Rn. 14.
80 Ebd., § 6, Rn. 68.
81 Bunzel/Coulmas/Schmidt-Eichstaedt, a. a. O. (Fn. 40), S. 101.
82 Ebd., S. 106.

relevant building permit procedure is specified in the State Building Code (building regulations law) of the respective federal state.[83]

2.2.2 Building regulations law

The building regulations law encompasses the building law provisions relating to the construction, use and restructuring of individual buildings.[84] On application by the principal (building application), the public agency responsible conducts a building permit procedure to check whether the requirements for issuing a building permit are fulfilled. The building law authorities must also ensure the building application does not contravene public law regulations.[85] This applies, in particular, to the provisions of construction planning law, building regulations law and ancillary building law (other public law regulations). The inspection in connection with the construction laws must, in particular, ensure that the project conforms to the specifications of a binding land-use plan and that provision has also been made for the infrastructure.[86] Inspection with regard to building regulations law includes, in particular, ensuring the observance of legal regulations on distance spaces, as well as local building regulations.[87] The authority to conduct such inspections and, in particular, issue the building permit lies with the respective public agency holding sole responsibility. Delegation to a third party is not possible.

There have been a number of different attempts to simplify and accelerate the administrative processes involved in the building permit procedure.[88] In addition to the normal building permit procedure, the federal states have also introduced a simplified building permit procedure, in which the building authority responsible employs a condensed version of the examination programme.[89] In this case, only those provisions relating to construction planning law are examined. As it is assumed that

---

83 Büchner/Schlotterbeck, Baurecht, 4. Aufl., Stuttgart 2011, B – Kap. 2, Rn. 129.
84 Garrelmann, a. a. O. (Fn. 74).
85 Büchner/Schlotterbeck, a. a. O. (Fn. 83), Rn. 159.
86 § 30 BauGB
87 Büchner/Schlotterbeck, a. a. O. (Fn. 83), Rn. 159a.
88 Garrelmann, a. a. O. (Fn. 74), S. 20.
89 Ebd., S. 77.

the provisions of the state building codes are so explicit that they will be observed by both the principal and the architect, these are no longer subjected to regular checks.[90] With the exception of special buildings (e.g. high-rises), the condensed version of the building permit procedure is now applied regularly.[91] But even with the shortened form, or the decision to waive the preventive examination, the procedure is still the responsibility of the authorities.[92] The principal's obligation to observe public law regulations has thus been increased, although the principal still does not have authorisation to issue a permit.

2.3 Question 3: Private Initiatives and urban Infrastructures

Is there legislation concerning the private management of urban infrastructures and public spaces? Is this legislation restricted to single infrastructures and spaces or does it provide a legal framework for the private management of entire neighbourhoods and other urban areas? Is the management of those neighbourhood and areas restricted to owners or neighbours associations or can concessionaires or other private commercial companies perform it? How does it guarantee municipal or public control of management decisions?

Preface

The first part of the answer deals with the general opportunities afforded by public-private partnerships with regard to the creation and administration of urban infrastructures. The second part will take an in-depth look at the possible ways of utilising private initiatives in the urban development sector for the functional and creative improvement of urban neighbourhoods.

2.3.1 Public-private partnership

The term public-private partnership (PPP) denotes the cooperation between public institutions and firms or institutions in the private enterprise

90 Ebd., S. 137.
91 Ebd., S. 135.
92 Ebd., S. 136.

sector.[93] The service sector provides cooperation opportunities in sewage treatment, waste management and the building and maintenance of transport routes or public buildings.[94] A common method of dealing with these fields is functional privatisation. This involves a partial privatisation or assignment of the responsibility to fulfil an official duty (e.g. building, but not administering a school).[95]

Various PPP models are available. With the *single buyer model* the public authority receives real property set up by a private operator for an agreed limited period and a set sum.[96] With the *leasing model* the public authority rents a property for an agreed sum and has a purchasing option at the end of the lease.[97] With the *contracting model* the private partner assumes certain services, such as the supply of electricity or telecommunications, for which regular payments are made. Ownership of the property on which such services are performed usually lies with the public authority.[98]

The legal basis for this type of task assignment is provided in the respective specific laws. Article 22 German Closed Substance Cycle and Waste Management Act (KrWG)[99] allows those obligated to manage waste (municipalities, communities, counties) to delegate their recycling and disposal obligation to a third party. The responsibility of the public authority for the fulfilment of this obligation remains in place until such time as the waste has been finally and properly disposed of. The third party charged with the task must be suitably reliable and trustworthy. In the water management sector, Article 57 Federal Water Act (WHG)[100] provides for the

---

93 Kochendörfer, Public Private Partnership, in: Henckel/Kuczkowski/Lau/Pahl-Weber/et. al., Planen – Bauen – Umwelt, Wiesbaden 2010, S. 382.

94 Ebd.

95 Bundesministerium für Verkehr, Bau und Stadtentwicklung, Gutachten „PPP und Förderrecht", Berlin 2006, S. 17.

96 Ebd., S. 19.

97 Ebd., S. 20.

98 Kochendörfer, a. a. O. (Fn. 93), S. 383.

99 Gesetz zur Förderung der Kreislaufwirtschaft und Sicherung der umweltverträglichen Bewirtschaftung von Abfällen (Kreislaufwirtschaftsgesetz – KrWG), v. 24.2.2012 (BGBl. I S 212).

100 Gesetz zur Ordnung des Wasserhaushalts (Wasserhaushaltsgesetz – WHG), v. 31.7.2009 (BGBl. I S. 2585), zuletzt geändert durch Art. 5 Abs. 9 d. G. v. 24.2.2012 (BGBl. I S. 212).

delegation of the sewage disposal obligation to a third party. The transferral of legal obligations in the infrastructural service sector generally covers the entire community. For building projects within the context of a PPP, however, this usually only applies to individual objects such as schools, hospitals, communal buildings or transport infrastructures.[101] PPP projects involving the development of an entire urban area are the exception.[102]

2.3.2 Private initiative and urban development

A recent trend in the cooperation with private enterprise in town planning is the Business Improvement District (BID) or Housing Improvement District (HID). A BID is defined as "a public/private partnership in which property and business owners elect to make a collective contribution to the maintenance, development and promotion of their commercial district"[103]. A housing improvement area or district is defined as "an area in a city in which housing improvements in condominium or town home complexes may be financed with the assistance of the city"[104]. The management approach to area revitalisation originated in North America and was introduced here in 2007 with the amendment of the Federal Building Code.[105] In Germany, Article 171f Federal Building Code provides the basis for the introduction of federal state legislation aimed at the involvement of private initiatives in urban development areas.[106] Federal state legislation

---

101 Bundesministerium für Verkehr, Bau und Stadtentwicklung, a. a. O. (Fn. 95), S. 15.

102 Bundesverband PPP, im Internet unter: http://www.bppp.de/bppp.php/cat/25/title/Fallbeispiele, Zugriff am 4.9.2012.

103 DSBS – Departement of Small Business Services, Streetwise & Business Savy, Best Practices and Accomplishments from New Yorks City's BIDs, New York 2005.

104 Baker/Dyson, House Research, Short Subjects: Housing Improvement Areas, im Internet unter: http://www.house.leg.state.mn.us/hrd/pubs/ss/sshia.pdf, Zugriff am 4.9.2012.

105 Krautzberger, a. a. O. (Fn. 4), § 171 f., Rn. 2.

106 Roeser, in: Schlichter/Stich (Hrsg.), Berliner Kommentar zum Baugesetzbuch, 3. Aufl., Loseblattsammlung, Stand: 17. Lfg. 12/2007, Rn. 2.

for setting up BIDs has so far been introduced in Bremen[107], Hamburg[108], Hesse[109], North Rhine-Westphalia[110], Saarland[111] and Schleswig-Holstein[112]. Hamburg was the first of these to introduce the BID law, which now serves as a model for BID laws in other federal states.

Property or local communities enabled in this way are created on the rationale of private responsibility for the development and realisation of measures in a limited area.[113] According to the current literature, this could involve the partial surrender by municipalities of statutory powers of decision in the urban development sector[114]. However, it can also be argued that measures planned for a specific location in accordance with Article 171f (1) Federal Building Code, can only be implemented on the basis of a concept that is in line with the urban development aims of the municipality. Such a location concept must comply with the urban development purposes of the municipality and not adversely affect them.[115] The municipality must also consider the effects of such private measures on neighbouring areas. After all, the aim cannot be to relocate social grievances

107 Gesetz zur Stärkung von Einzelhandels- und Dienstleistungszentren (BGSED) trat am 27.7.2006 in Kraft (Brem. GBl. Nr.41, S. 350), zuletzt geändert am 2.6.2009 (Brem. GBl. Nr. 26, S. 181).

108 Gesetz zur Stärkung der Einzelhandels- und Dienstleistungszentren (GSED) trat am 1.1.2005 in Kraft (Hmb. GVBl. 2004, S. 525), zuletzt geändert am 27.11.2007 (Hmb. GVBl 2007, S. 405).

109 Gesetz zur Stärkung von innerstädtischen Geschäftsquartieren (INGE) trat am 1.1.2006 in Kraft (Hess. GVBl. I 2005, S. 867).

110 Gesetz über Immobilien- und Standortgemeinschaften (ISG) trat am 10.6.2008 in Kraft (GVBl. NRW Nr. 19 2008, S. 467).

111 Gesetz zur Schaffung von Bündnissen für Investition und Dienstleistung (BIDG) trat am 7.12.2007 in Kraft (Amtsblatt 2007, S. 2242).

112 Gesetz über die Einrichtung von Partnerschaften zur Attraktivierung von City-, Dienstleistungs- und Tourismusbereichen (PACT) trat am 13.7.2006 in Kraft (GVOBl. Schleswig-Holstein 2006, S. 158).

113 Krautzberger, in: Ernst/Zinkahn/Bielenberg/ders., Kommentar zum Baugesetzbuch, Loseblattsammlung, Stand: 09/2007, § 171f, Rn. 11; Roeser, a. a. O. (Fn. 106), Rn. 3.

114 Roeser, a. a. O. (Fn. 106), Rn. 3.

115 Ebd., Rn. 7.

or inequalities within a city.[116] The community can object to the creation of a local community if the location concept is not in keeping with urban development aims.

Article 171f Federal Building Code lists a number of possible private initiatives. These include concepts aimed at the reinforcement or development of inner-city areas, community centres, living quarters and commercial centres, as well as other urban-development relevant areas. Possible measures in a BID could include:

- generating a development concept for the BID,
- the provision of general services in the areas of litter and street cleanliness, security or visitor relations,
- the provision of financial means and the realisation of building measures with respective authorised parties,
- plot management,
- realisation of communal advertising measures,
- the organisation of community actions (e.g. street parties, events),
- coordination of the measures to be implemented with public agencies or local enterprises or the
- submission of statements in participation procedures.

All such measures should contribute toward the functional and aesthetic improvement of urban neighbourhoods.[117] Irrespective of whether certain measures are contained in the laws of federal states or not, they always constitute what are referred to as 'on top measures', which do not replace municipal duties but go beyond the scope of the municipal public services.[118] The contractor and the municipality agree the manner of implementation in a public-private agreement, in which the rights and duties of the contracting parties are also specified.[119]

---

116 Kersten, Business Improvement Districts in der Bundesrepublik Deutschland, UPR 04/2007, S. 121 (121 f.).

117 Vgl. Reidt, in: Battis/Krautzberger/Löhr, Baugesetzbuch Kommentar, 12. Aufl., München 2014, § 171f, Rn. 2.

118 Kreutz/Krüger, Urban Improvement Districts, in: Jahrbuch Stadterneuerung 2008, Berlin 2008, S. 267; Kersten, in: Spannowsky/Uechtritz, Baugesetzbuch Kommentar, München 2009, § 171f, Rn. 53.

119 Roeser, a. a. O. (Fn. 106), Rn. 12.

The boundaries of the development area must be also agreed with the municipality and determined in a fixed-term declaration, in the same way as for projects involving the redevelopment or restructuring of urban areas.[120] In fact, boundaries usually correspond to those of a neighbourhood or quarter, whereby other boundaries are also conceivable because as no legal restrictions apply in this regard.[121] But what does become apparent is the link to inner development and structural components.[122]

Measures are financed entirely by appropriating compulsory contributions. The main actors of the scheme are the plot and property owners. The municipality acquires its legal legitimation from laws adopted to levy contributions and structure the organisation.[123] Following a public involvement procedure in which the BID or HID is presented for public scrutiny, a resolution is adopted to establish the project, whereby all financing parties are invited to express their opinions. Depending on the legally required quorum, either a 51- or a 70-percent majority is required for the municipality to adopt a resolution to set up a BID/HID.[124]

In all events, the planning autonomy of the municipality remains unaffected, as only in agreement with the municipality are private players given the authority to act on their own initiative, through their own financial means and in a specified area. In the same way as the municipality can accept a concept and its boundaries, it can also – after weighing up public and private interests – reject an application to set up a BID or HID. This is also possible even if it has been voted for by the city parliament, as formal approval by the local council is not required.[125]

---

120 § 140 Abs. 1 Nr. 2 BauGB; § 171b Abs. 1 S. 2 BauGB.

121 Krautzberger, a. a. O. (Fn. 4), § 171f, Rn. 2; Schmidt-Eichstaedt, in: Brügelmann, Kommentar zum Baugesetzbuch, Loseblattsammlung Stand: 06/2007, § 171f, Rn. 11; ebenso Kersten, in: Spannowsky/Uechtritz, Baugesetzbuch Kommentar, München 2009, § 171f, Rn. 28.

122 Finkelnburg/Ortloff/Kment, a. a. O. (Fn. 11), S. 449.

123 Wiezorek, Business Improvement Districts und Housing Improvement Districts, in: Henckel/Kuczkowski/Lau/Pahl-Weber/et. al., Planen – Bauen – Umwelt, Wiesbaden 2010, S. 90.

124 Ebd.

125 Schmidt-Eichstaedt, in: Brügelmann, a. a. O. (Fn. 121), Rn. 12 ff.

Example: Business Improvement District 'Neuer Wall' – Hamburg

An example of such a BID is the *Neuer Wall* project in Hamburg. The basis for the BID is a law passed in 2004 that aimed at the promotion of retail, service and commercial centres (GSED). The *Neuer Wall* project, the first Business Improvement District of its kind, was set up as early as 2005.[126] *Neuer Wall* is a business area featuring small, up-market retail businesses. The project was accomplished in cooperation with the administrative bodies and involved the complete refurbishment of public spaces, including paving, street furniture and green areas. Other measures were a joint presentation and advertising campaign, as well as security, public order and cleanliness management through private service providers.[127] All measures are financed with contribution payments by the property owners.[128] In 2010, they agreed to extend the BID to 2015.[129] A total of 10 BIDs have so far been set up in Hamburg alone.[130]

Example: Housing Improvement District 'Steilshoop' Hamburg

One of the most significant residential projects to be realised in Germany in the 1970s was the large housing estate *Steilshoop* in the Wandsbek area of Hamburg. The estate was designed as a double row of apartment blocks with a central pedestrian area. Each of the 20 blocks covers an area of 90 x 150 metres and has up to 13 floors. On its completion in 1976 it provided housing accommodation for a total of 23,000 people.[131] It was classified

---

126 Wulff, Der Neue Wall hat gewonnen!, im Internet unter: http://www.otto-wulff.de/unternehmen/aktuelles/der-neue-wall-hat-gewonnen.html, Zugriff am 4.9.2012.

127 Welt Online, In Hamburg heißt es: Bitte ein BID!, im Internet unter: http://www.welt.de/print/die_welt/hamburg/article108520537/In-Hamburg-heisst-es-Bitte-ein-BID.html, Zugriff am 5.9.2012.

128 Wulff, Neuer Wall Rahmenbedingungen, im Internet unter: http://www.bid-neuerwall.de/neuer-wall/bid-projekt/rahmenbedingungen.html, Zugriff am 4.9.2012.

129 Wulff, Neuer Wall Hamburg, im Internet unter: http://www.bid-neuerwall.de, Zugriff am 5.9.2012.

130 Hamburg, Business Improvement Districts, im Internet unter: http://www.hamburg.de/bid-projekte/, Zugriff am 5.9.2012.

131 Reinborn, Städtebau im 19. und 20. Jahrhundert, Stuttgart 1996, S. 266.

as a redevelopment area in the 1990s to improve the urban development quality of the estate, which was under attack owing to the high concentration of people on a low-income in high structural density.

Plans to upgrade the area by creating an innovation quarter have been under way since 2006. Measures include restructuring the central pedestrian axis, additional street cleaning and green area care, as well as the implementation of an orientation concept and a joint district marketing strategy.[132] Players involved are the property owners and residents, neighbourhood management team and various Hamburg city authorities. The prospective ultimate unit of responsibility for implementing the measures is the Otto Wulff BID GmbH in cooperation with ProQuartier Hamburg GmbH. The cost of implementing the measures proposed for the innovation neighbourhood is estimated to be around 4,112,450 euros, which will come from property owners' contributions.[133] The location concept was put on public display at the beginning of 2012 and reached the acceptance quorum required to establish a BID.

---

132 Freie und Hansestadt Hamburg, Behörde für Stadtentwicklung und Umwelt, Projektblatt HID Steilshoop, im Internet unter: http://www.hamburg.de/contentblob/2641682/data/steilshoop-projektblatt.pdf, Zugriff am 6.9.2012.

133 InQ Steilshoop, Antrag auf Errichtung eines Innovationsquartiers, im Internet unter: http://www.inq-steilshoop.de/dokumente/InQ-Steilshoop_Antragsunterlagen.pdf, Zugriff 6.9.2012.

Stephan Mitschang und Tim Schwarz

2. Deutschland

Einleitung

Stadtplanung in Deutschland ist eine hoheitliche Aufgabe der Städte und Gemeinden. Subsumiert wird dies unter dem Begriff der kommunalen Planungshoheit. Allerdings schließt dies die Beteiligung von privaten Dritten nicht aus. Wie in anderen Bereichen ist in den letzten Jahren eine stärkere Beteiligung Privater bei der Erfüllung öffentlicher Aufgaben[1] auch im Bereich der Stadtplanung zu beobachten. Die Gründe für diese Entwicklung sind vielfältig. So führt beispielsweise die oftmals geringe finanzielle und personelle Ausstattung der Gemeindeverwaltungen zur Auslagerung bestimmter Verfahrensschritte. Des Weiteren bestehen aber auch vielerorts private Initiativen, die zum Teil durch öffentliche Förderung unterstützt werden. Darüber hinaus bestehen mittlerweile unterschiedliche Vorschriften über die Beteiligung und Kooperation zwischen öffentlicher und privater Seite. Im Bereich der Stadtplanung finden sich die meisten Regelungen hierzu im Baugesetzbuch (BauGB)[2].

Bereits seit Anfang der 1970er Jahre ist die Stadterneuerung einschließlich der städtebaulichen Sanierungsmaßnahmen rechtlich geregelt. Bei diesen Verfahren soll eine enge Zusammenarbeit zwischen der Gemeinde auf der einen und den Betroffenen, insbesondere den Eigentümern, Mietern und Pächtern, auf der anderen Seite erzielt werden. Die Betroffenen sollen dadurch zur Mitwirkung angeregt werden. Oftmals ist der Erfolg einer Sanierung sogar maßgeblich vom Engagement der Privaten abhängig, sodass ohne private Initiativen Sanierungsmaßnahmen häufig nicht realisierbar sind.[3]

---

1 Vgl. Schubert, Privatisierung des eGovernment, Stuttgart 2009, S. 66.

2 Baugesetzbuch (BauGB), in der Fassung der Bekanntmachung vom 23.09.2004 (BGBl. I S. 2414), zuletzt geändert durch Artikel 1 G v. 15.07.2014 (BGBl. I S. 954).

3 Vgl. Krautzberger, Stadterneuerung und Stadtentwicklung durch Private?, DVBl. 2008, 337 (339).

Zu Beginn der 1990er Jahre bestand vor allem in den östlichen Bundesländern ein enormer Investitionsbedarf, der durch die öffentliche Hand allein nicht zu bewältigen war. Aus diesem Grund wurde im Baugesetzbuch das Instrument des Vorhaben- und Erschließungsplans (vorhabenbezogener Bebauungsplan) eingeführt. Dieser Plan ermöglicht den Gemeinden eine enge Kooperation mit Privaten. Wenngleich die Gemeinde hoheitlicher Planungsträger bleibt, erfolgt die Erstellung der städtebaulichen Planung durch den Investor. Er verpflichtet sich darüber hinaus zu ihrer Verwirklichung und zur Übernahme der Planungs- und Erschließungskosten.[4]

Im Jahr 1998 wurde ein weiteres Instrument in das Baugesetzbuch aufgenommen, das die zunehmende Privatisierung innerhalb der Stadtplanung wesentlich fördert: der städtebauliche Vertrag. Auf Grundlage von § 11 BauGB können Gemeinden und Private Verträge miteinander schließen, in denen sich der Private beispielsweise zur Vorbereitung oder Durchführung städtebaulicher Maßnahmen auf eigene Kosten oder zur Übernahme sonstiger Kosten, die der Gemeinde aufgrund städtebaulicher Maßnahmen entstehen, verpflichtet.[5] Diese Ergänzung der hoheitlichen Gestaltung durch kooperative Regelungen ist heute nicht mehr aus der Städtebaupolitik wegzudenken.[6]

Durch die Novellierung des Baugesetzbuches im Jahr 2004 wurden Regelungen zum Stadtumbau und zur Sozialen Stadt ergänzt – beides Städtebauförderprogramme des Bundes zur Stadterneuerung. Ähnlich wie bei der städtebaulichen Sanierung wird auch hier die Einbeziehung der Privaten fokussiert, insbesondere durch geeignete Mitwirkungs- und Beteiligungsmöglichkeiten. Beide Programme basieren vor allem auf „bottom up"-Ansätzen.

Die privaten Initiativen zur Stadtentwicklung stellen die bislang letzte Neuerung im Hinblick auf Privatisierungstendenzen im Städtebaurecht dar. Seit 2007 besteht in § 171f BauGB eine entsprechende Regelung, die – im Zusammenspiel mit landesrechtlichen Vorschriften – die Bildung

4 Vgl. Krautzberger, in: Battis/ders./Löhr, Baugesetzbuch Kommentar, 11. Aufl., München 2009, § 12, Rn. 1ff.

5 Vgl. Quaas/Kukk, in: Schrödter (Hrsg.), Baugesetzbuch Kommentar, 7. Aufl., München 2006, § 11, Rn. 4.

6 Vgl. Krautzberger, 50 Jahre Städtebaurecht, NVwZ 2010, 729 (732).

solcher privater Initiativen (z.B. Business Improvement Districts – BID), ermöglicht. Es handelt sich dabei um Standortgemeinschaften, die in privater Verantwortung und Finanzierung Maßnahmen in einem Gebiet oder Quartier durchführen.[7] Dies kann auch die Pflege und Gestaltung des öffentlichen Raumes umfassen.[8] Diese Aufgabenübertragung im Hinblick auf den öffentlichen Raum, der ein wesentliches Merkmal der europäischen Städte bildet, verdeutlicht wiederum sehr gut das Spannungsfeld zwischen staatlicher Aufgabenwahrnehmung und privaten Initiativen im Städtebau.[9]

2.1 Frage 1: Private Initiativen im Bauleitplanverfahren

Gibt es gesetzliche Regelungen bezüglich des Entwurfs oder des Beschlusses von Bebauungsplänen oder äquivalenter Dokumente durch private Instanzen? Wie läuft das Verfahren ab und garantiert es kommunale Kontrolle über den Planungsprozess? Wie ist die Beteiligung der Öffentlichkeit in diesem Verfahren geregelt?

Vorbemerkung

Zum besseren Verständnis der Antwort ist es notwendig, einen kurzen Überblick zu den Grundlagen des Städtebaurechts in Deutschland zu geben. Artikel 28 Abs. 2 S. 1 GG[10] gewährleistet den Städten und Gemeinden das Recht, alle Angelegenheiten der örtlichen Gemeinschaft im Rahmen der Gesetze in eigener Verantwortung zu regeln. Zu den wesentlichen Angelegenheiten der örtlichen Gemeinschaft zählt auch die städtebauliche Planung, die der Gemeinde aufgrund der ihr zugesprochenen

7 Vgl. Krautzberger, a. a. O. (Fn. 3), 337 (341).

8 Vgl. Martini, Der öffentliche Raum zwischen staatlicher Aufgabenwahrnehmung und privater Initiative, DÖV 2008, 10 (11).

9 Vgl. Mitschang/Schwarz, Der öffentliche Raum als Gegenstand der Bauleitplanung, in: Berding/Havemann/Pegels/Perenthaler (Hrsg.), Stadträume in Spannungsfeldern, Detmold 2010, 70 (94).

10 Grundgesetz für die Bundesrepublik Deutschland in der im Bundesgesetzblatt Teil III, Gliederungsnummer 100–1, veröffentlichten bereinigten Fassung, zuletzt geändert durch Art. 1 des G. v. 11.07.2012 (BGBl. I S. 1478).

Planungshoheit obliegt.[11] Planungshoheit meint, dass der Gemeinde das Recht auf eigenverantwortliche Planung und Regelung der Bodennutzung zusteht und sie diese über die Bauleitpläne gestaltet.[12] Die einfachgesetzliche Grundlage für das Städtebaurecht bildet das Baugesetzbuch (BauGB)[13]. Im ersten Kapitel (Allgemeines Städtebaurecht) des Baugesetzbuchs wird unter anderem die Bauleitplanung geregelt, die durch zwei Planungsebenen gekennzeichnet ist.[14] Dies sind zum einen die vorbereitende und zum anderen die verbindliche Bauleitplanung. In der vorbereitenden Bauleitplanung wird mit dem Flächennutzungsplan die beabsichtigte Bodennutzung für das gesamte Gemeindegebiet in den Grundzügen dargestellt.[15] Als Inhalte stellt der Flächennutzungsplan z.B. Wohnbauflächen, gewerbliche Bauflächen, Grünflächen, landwirtschaftliche Flächen sowie Flächen für Infrastrukturtrassen dar.[16] Konkretisiert werden die Darstellungen des Flächennutzungsplans in der verbindlichen Bauleitplanung über die Festsetzungen eines Bebauungsplans (B-Plan). Dieser Plan weist einen hohen Detaillierungsgrad auf und gibt in parzellenscharfen Darstellungen für Teile der Gemeinde oder auch einzelne Grundstücke konkrete Vorgaben zur Art und zum Maß der baulichen Nutzung, zu den überbaubaren Grundstücksflächen sowie den örtlichen Verkehrsflächen.[17] Ein B-Plan ist somit ein Instrument der Gemeinde zur verbindlichen Ordnung und Lenkung der baulichen Nutzung von Grundstücken. Gemäß § 30 BauGB ist im Geltungsbereich eines (qualifizierten) Bebauungsplans ein Vorhaben zulässig, wenn es dessen Festsetzungen nicht widerspricht und die Erschließung gesichert ist.[18] Neben den Inhalten regelt das BauGB auch bundesrechtlich das Verfahren zur Aufstellung der Bauleitpläne (Flächennutzungsplan und Bebauungsplan).

---

11 Vgl. Finkelnburg/Ortloff/Kment, Öffentliches Baurecht, 6. Aufl., München 2011, § 5, Rn. 4.
12 Vgl. ebd., Rn. 1.
13 Baugesetzbuch, a. a. O. (Fn. 2).
14 Vgl. Hendler/Koch, Baurecht, Raumordnungs- und Landesplanungsrecht, Stuttgart 2009, 5. Aufl., S. 147, Rn. 2.
15 Vgl. Finkelnburg/Ortloff/Kment, a. a. O. (Fn. 11), Rn. 1.
16 Vgl. ebd.
17 Vgl. ebd., § 8, Rn. 28.
18 Vgl. ebd., § 5, Fn. 11, Rn. 3.

Sowohl die Ausarbeitung als auch das Verfahren zur Aufstellung der Bauleitpläne stellt im Hinblick auf die Planungshoheit der Gemeinden eine originäre Aufgabe der Städte und Gemeinden dar. Es gibt jedoch Möglichkeiten sowohl die Ausarbeitung als auch einzelne Verfahrensschritte an private Dritte zu übertragen. Die gesetzlichen Regelungen finden sich in:

- § 4b BauGB (Einschaltung eines Dritten),
- § 11 BauGB (Städtebaulicher Vertrag),
- § 12 BauGB (Vorhaben- und Erschließungsplan).

Im Folgenden sollen diese Instrumente näher dargestellt werden.

2.1.1 Einschaltung eines Dritten

Da die Aufstellung der Bauleitpläne eine schwierige und zeitaufwändige Arbeit sein kann, die oftmals die personellen Möglichkeiten kleinerer Gemeinden übersteigt, hat der Gesetzgeber mit dem BauROG[19] im Jahr 1998 eine Möglichkeit eingeführt, Verfahrensschritte zur Aufstellung eines Bauleitplans einem Dritten zu übertragen.[20] Die Regelung lautet wie folgt:

> *§ 4b Einschaltung eines Dritten*
>
> *Die Gemeinde kann insbesondere zur Beschleunigung des Bauleitplanverfahrens die Vorbereitung und Durchführung von Verfahrensschritten nach den §§ 2a bis 4a [BauGB] einem Dritten übertragen.*

Eingeleitet wird das Verfahren zur Aufstellung von Bauleitplänen meist durch einen förmlichen Beschluss durch die Gemeindevertretung.[21] Dieser Beschluss wird als *Aufstellungsbeschluss* bezeichnet.[22] Gesetzlich geregelt ist der Aufstellungsbeschluss im § 2 Abs. 1 BauGB, wobei dieser kein zwingender Bestandteil des Planverfahrens ist.[23] Den Beschluss über die

---

19 Gesetz zur Änderung des Baugesetzbuchs zur Neuregelung des Rechts der Raumordnung (Bau- und Raumordnungsgesetz 1998 – BauROG) v. 18.08.97 (BGBl. I S. 2081).

20 Vgl. Battis, in: ders./Krautzberger/Löhr, Baugesetzbuch Kommentar, 11. Aufl., München 2009, § 4b, Rn. 1.

21 Vgl. Kuschnerus, Der sachgerechte Bebauungsplan, 4. Aufl., Bonn 2010, S. 438.

22 Vgl. Schmidt-Eichstaedt, Städtebaurecht, 4. Aufl., Stuttgart 2005, S. 124.

23 Vgl. ebd., S. 129.

Aufstellung des Bauleitplans kann jedoch nur von der Gemeinde selbst gefasst werden. Es besteht kein Anspruch eines Dritten auf Aufstellung eines Plans. Dieser kann auch nicht durch einen Vertrag begründet werden.[24]

Beschließt die Gemeinde einen Bauleitplan aufzustellen oder zu ändern, ist es ihre Aufgabe frühzeitig die Öffentlichkeit über diesen Beschluss zu informieren (§ 3 Abs. 1 BauGB) sowie den Behörden Gelegenheit zur Stellungnahme einzuräumen (§ 4 Abs. 1 BauGB).[25] Die Beteiligung sollte stattfinden, bevor die Planung zu weit vorangeschritten ist, um im Planungsprozess berücksichtigt werden zu können.[26] Die frühzeitige Beteiligung der Behörden nach § 4 Abs. 1 BauGB dient gleichzeitig zur Bestimmung des Umfangs und des Detaillierungsgrades der Umweltprüfung (Scoping). Die Durchführung der frühzeitigen Beteiligung sowie die Erarbeitung des Umweltberichts kann ein privater Dritter (z. B. Planungsbüro) nach § 4b BauGB übernehmen. Die Informationen aus der frühzeitigen Beteiligung fließen in den Entwurf des Bauleitplans ein. Die Erstellung dieses Planentwurfs kann wiederum an einen privaten Dritten (z.B. Planungsbüro) übertragen werden.

Dieser Planentwurf durchläuft ein weiteres Beteiligungsverfahren, bei dem wiederum die Öffentlichkeit (§ 3 Abs. 2 BauGB) und die Behörden sowie die sonstigen Träger öffentlicher Belange (§ 4 Abs. 2 BauGB) zu beteiligen sind. Auch die zweite Stufe des Beteiligungsverfahrens kann von einem privaten Dritten durchgeführt werden. Dieser erstellt die Planunterlagen, stellt die Planunterlagen für die öffentliche Auslegung in der Gemeinde zusammen und versendet die Planunterlagen an die Behörden. Die gesammelten Stellungnahmen der Öffentlichkeit und der Behörden sowie der Träger sonstiger öffentlicher Belange können von dem privaten Dritten thematisch sortiert und in Form eines Abwägungsvorschlags inhaltlich aufbereitet werden.[27] Die endgültige Abwägung über die öffentlichen und privaten Belange, die gegen- und untereinander gerecht abgewogen werden müssen, bleibt aber in der Verantwortung der Gemeinde.[28] Auch der

24 Vgl. § 1 Abs. 3 S. 2 BauGB.
25 Vgl. Schmidt-Eichstaedt, a. a. O. (Fn. 22), S. 130.
26 Vgl. ebd., S. 132.
27 Vgl. Kuschnerus, a. a. O. (Fn. 21), S. 504.
28 Vgl. § 1 Abs. 7 BauGB.

abschließende Beschluss über den Plan kann wiederum, wie auch der Aufstellungsbeschluss, nur von der Gemeinde selbst gefasst werden.[29]

Nach dem Beschluss muss der Flächennutzungsplan und nicht aus ihm entwickelte Bebauungspläne der Genehmigung der höheren Verwaltungsbehörde vorgelegt werden. Hierbei erfolgt eine Prüfung der formalen Schritte des Aufstellungsverfahrens. Inhaltliche Beanstandungen dürfen von der Genehmigungsbehörde nicht vorgenommen werden.[30] Durch die Bekanntmachung der Genehmigung oder des Satzungsbeschlusses tritt der Bauleitplan in Kraft. Noch vor der Bekanntmachung der Genehmigung muss der Originalplan als Urkunde ausgefertigt werden, um zu bezeugen, dass der Inhalt des Plans mit dem Willen der Gemeinde einhergeht.[31] Mit der Bekanntmachung muss dargelegt werden, wo der genehmigte Plan eingesehen werden kann, da alle Betroffenen und Interessierten einen Anspruch auf Einsichtnahme haben.[32] Diese Verfahrensschritte können nicht an einen Dritten übertragen werden.

Darstellung 1: Verfahrensschritte zur Aufstellung eines Bauleitplans und Möglichkeiten zur Übertragung auf einen privaten Dritten

Verfahrensschritt	**Übertragung auf Dritte**
Aufstellungsbeschluss (§ 2 Abs. 1 S. 2 BauGB)	Kann nur von der Gemeinde getroffen werden!
Frühzeitige Beteiligung der Öffentlichkeit (§ 3 Abs. 1 BauGB)	Durchführung der Beteiligung
Frühzeitige Beteiligung der Behörden (§ 4 Abs. 1 BauGB) und Abstimmung mit den Nachbargemeinden (§ 2 Abs. 2 BauGB) Unterrichtung zum Umfang der Umweltprüfung (Scoping)	Durchführung der Beteiligung und Abstimmung mit den Nachbargemeinden

29 Vgl. Kuschnerus, a. a. O. (Fn. 21), Rn. 1011 und 1012; vgl. Schmidt-Eichstaedt, a. a. O. (Fn. 22), S. 155.

30 Vgl. Schmidt-Eichstaedt, a. a. O. (Fn. 22), S. 158.

31 Vgl. Kuschnerus, a. a. O. (Fn. 21), Rn. 1027; vgl. Schmidt-Eichstaedt, a. a. O. (Fn. 22), S. 159.

32 Vgl. Kuschnerus, a. a. O. (Fn. 21), Rn. 1035; vgl. Schmidt-Eichstaedt, a. a. O. (Fn. 22), S. 159.

Verfahrensschritt	Übertragung auf Dritte
Erstellung Planentwurf und Entwurf der Begründung (einschließlich Umweltbericht)	Erstellung Planentwurf durch Dritten (Planungsbüro)
Offenlegung des Planentwurfs (§ 3 Abs. 2 BauGB)	Durchführung der Beteiligung
Beteiligung der Behörden (§ 4 Abs. 2 BauGB)	Durchführung der Beteiligung
Flächennutzungsplan: Feststellungsbeschluss Bebauungsplan: Satzungsbeschluss (§ 10 Abs. 1 BauGB)	Vorbereitung möglich: Aber Beschluss kann nur von Gemeinde gefasst werden!
Genehmigung durch höhere Verwaltungsbehörde oder Anzeigeverfahren (§ 6 Abs.1 und § 10 Abs. 2 BauGB)	–
Ausfertigung, Bekanntmachung (§ 6 Abs. 5 und § 10 Abs. 3 BauGB)	Vorbereitung durch Dritte. Bekanntmachung muss über offizielle Wege (z.B. Amtsblatt, Aushang) erfolgen.
Inkrafttreten (§ 6 und § 10 BauGB)	–
Monitoring (§ 4c BauGB)	Keine Übertragung auf Dritte! Gemeinde muss überwachen!

Eigene Darstellung

Im Wesentlichen bezieht sich die Aufgabenübertragung an private Dritte damit auf die Erstellung des Planentwurfs sowie die Vorbereitung und Durchführung der Beteiligung der Öffentlichkeit sowie der Behörden.[33] Diese teilweise Privatisierung von Verfahrensschritten leistet einen Beitrag zur Stärkung des Zusammenwirkens von Privaten und Gemeinden.[34] Der

33 Vgl. Schmidt-Eichstaedt, a. a. O. (Fn. 22), S. 159.
34 Vgl. Battis, a.a.O. (Fn. 20), Rn. 9.

Dritte bleibt jedoch ein Verwaltungshelfer ohne eigene hoheitliche Befugnisse.[35] Es handelt sich insofern um eine funktionale Privatisierung.[36]

Das formale Verfahren zur Aufstellung, Änderung oder Ergänzung eines Bauleitplans bleibt insgesamt unverändert. Dies gilt insbesondere für die zweistufige Öffentlichkeitsbeteiligung. Die Gemeinde muss sicherstellen, dass sie alle abwägungsrelevanten Informationen von dem beauftragten Dritten erhält, um Ihre Beschlüsse über den Bauleitplan treffen zu können, denn die Verantwortung der Gemeinde für das Bauleitplanverfahren bleibt unberührt.[37] Durch ihre Präsenz bei allen Verfahrensschritten muss die Gemeinde deutlich machen, dass sie, trotz der Unterstützung durch private Dritte zum einen „Herrin" des Verfahrens ist und zum anderen die Öffentlichkeit beteiligen will.[38]

2.1.2 Städtebaulicher Vertrag

Ein vielseitiges Instrument zur Kooperation mit Privaten bildet der städtebauliche Vertrag nach § 11 BauGB. Hierbei handelt es sich regelmäßig um einen öffentlich-rechtlichen Vertrag zur Kooperation zwischen einem privaten Dritten und der Verwaltung,[39] weshalb dieser auch als Verwaltungsvertrag bezeichnet wird.[40] Das Baugesetzbuch gibt beispielhaft verschiedene Vertragsgegenstände vor, wobei diese Aufzählung nicht abschließend ist.[41]

35 Vgl. Finkelnburg/Ortloff/Kment, a. a. O. (Fn. 11), § 6, Rn. 14.

36 Vgl. Mitschang, Steuerung der städtebaulichen Entwicklung durch Bauleitplanung, München 2003, S. 330.

37 Vgl. Finkelnburg/Ortloff/Kment, a. a. O. (Fn. 11), § 11, Rn. 14; vgl. Gatz, in: Schlichter/Stich (Hrsg.), Berliner Kommentar zum Baugesetzbuch, 3. Aufl., Stand: 8. Lfg./7.2007, § 4b, Rn. 1.

38 Vgl. Löhr, in: Battis/Krautzberger/ders., Baugesetzbuch Kommentar, 11. Aufl., München 2011, § 11, Rn. 2.

39 Vgl. ebd., Rn. 1.

40 Vgl. Bunzel/Coulmas/Schmidt-Eichstaedt, Städtebauliche Verträge – ein Handbuch, 3. Aufl., Berlin 2007, S. 20.

41 Vgl. Löhr, a. a. O. (Fn. 38), Rn. 4.

Vorbereitung und Durchführung städtebaulicher Maßnahmen

Ergänzend zu der oben beschriebenen Möglichkeit zur Übernahme von Verfahrensschritten zur Aufstellung eines Bauleitplans kann z.B. durch einen sogenannten Bauplanungsvertrag nach § 11 Abs. 2 Nr. 1 BauGB die Vorbereitung und Durchführung städtebaulicher Maßnahmen auf eigene Kosten eines Dritten vereinbart werden.[42] Hierzu gehören insbesondere Vereinbarungen zur Ausarbeitung städtebaulicher Planungskonzepte sowie die Ausarbeitung der Bauleitpläne einschließlich des Umweltberichts und auch die Erstellung der erforderlichen Gutachten, die Vorbereitung und Organisation von Verfahrensschritten bis hin zur Neuordnung von Grundstücken, Bodensanierung oder der Abriss von Gebäuden.[43] Wie bereits oben angeführt bleibt die Verantwortung der Gemeinde für das Bauleitplanverfahren unberührt.[44] Auch kann durch die vertragliche Vereinbarung keine Verpflichtung zur Aufstellung eines Bauleitplans begründet werden.[45]

Planverwirklichungsverträge

Die in § 11 Abs. 1 S. 2 Nr. 2 BauGB beschriebenen Planverwirklichungsverträge dienen zur Förderung und Sicherung der mit der Bauleitplanung verfolgten Ziele. So können z.B. bereits vor der Aufstellung eines Bauleitplans Verträge mit Grundstücksbesitzern abgeschlossen werden, um die mit der Planung verfolgten Ziele auch realisieren zu können.[46] Ein weiterer Vertragsgegenstand kann die Durchführung des Ausgleichs für Eingriffe in Natur und Landschaft bilden, der hierüber gesichert werden kann.[47] Darüber hinaus können auch Regelungen zur Wohnraumversorgung einkommensschwacher Bevölkerungsgruppen oder zur Deckung des Wohnbedarfs der ortsansässigen Bevölkerung vereinbart werden,[48] was über die Festsetzungsmöglichkeiten des Bebauungsplans hinausgeht.

---

42 Vgl. ebd., Rn. 6.
43 Vgl. Finkelnburg/Ortloff/Kment, a. a. O. (Fn. 11), § 11, Rn. 5.
44 Vgl. ebd.
45 Vgl. § 1 Abs. 3 S. 2 BauGB.
46 Vgl. Löhr, a. a. O. (Fn. 38), Rn. 10.
47 Vgl. ebd., Rn. 12.
48 Vgl. ebd., Rn. 13 f.

Folgekostenvertrag

Im Rahmen eines Folgekostenvertrages nach § 11 Abs. 1 S. 2 Nr. 3 BauGB können Aufwendungen finanziert werden, die den Gemeinden als Folge neuer Ansiedlungen für Anlagen und Einrichtungen des Gemeinbedarfs entstehen. Es muss sich dabei um tatsächlich entstehende oder bereits entstandene Kosten und Aufwendungen der Gemeinde für städtebauliche Maßnahmen handeln.[49] Dies kann beispielsweise die Einrichtung von Gemeinbedarfsanlagen sein.[50]

Nicht möglich ist hingegen die Übernahme von Kosten und Aufwendungen anderer hoheitlicher Aufgabenträger (z.B. für Bundes- und Landesstraßen oder für Einrichtungen der Polizei).[51]

Klimaschutzvertrag

Ein weiteres Themenfeld, das Gegenstand städtebaulicher Verträge sein kann, ist der Klimaschutz. Wie bei allen anderen möglichen Vertragsinhalten ist auch bei klimaschützenden Aspekten stets ein städtebaulicher Zusammenhang erforderlich.[52]

In einem Klimaschutzvertrag nach § 11 Abs.1 S. 2 Nr. 4 BauGB kann z.B. vertraglich die Nutzung von Netzen und Anlagen der Kraft-Wärme-Kopplung sowie von Solaranlagen an Gebäuden geregelt werden.[53]

Grenzen der städtebaulichen Verträge

Wichtig im Rahmen der Anwendung der städtebaulichen Verträge ist die Beachtung der Zulässigkeitsgrenzen und Zulässigkeitsvoraussetzungen. Dies betrifft zunächst die Bindung an das bestehende Recht (Vorrang des Gesetzes), nach dem andere Rechtsvorschriften einem Vertrag nicht

---

49 Vgl. Quaas/Kukk, a. a. O. (Fn. 5), Rn. 26; Löhr, a. a. O. (Fn. 38), Rn. 16.

50 Vgl. Reidt, in: Battis/Krautzberger/Löhr, Baugesetzbuch Kommentar, 12. Aufl., München 2014, § 11, Rn. 29.

51 Vgl. Quaas/Kukk, a. a. O. (Fn. 5), Rn. 27.

52 Vgl. Krautzberger, in: Ernst/Zinkahn/Bielenberg/ders., Baugesetzbuch, Loseblattsammlung, Stand: November 2011, München, § 11, Rn. 165.

53 Vgl. Löhr, a. a. O. (Fn. 38), Rn. 20.

entgegenstehen dürfen.[54] Darüber hinaus müssen die Leistungen, die zwischen einem privaten Dritten und der Gemeinde vertraglich vereinbart werden, den gesamten Umständen nach angemessen sein (Übermaßverbot).[55] Dies bedeutet insbesondere, dass die Gemeinde als alleinige Trägerin der Planungshoheit diese Stellung nicht ausnutzen darf, um übermäßige Gegenleistung von Dritten zu fordern.[56] Drittens müssen die Leistungen, die in einem städtebaulichen Vertrag vereinbart werden, in einem sachlichen Zusammenhang mit der vertraglichen Leistung zu der Behörde stehen (Koppelungsverbot). Soweit bereits Kraft Gesetz ein Anspruch auf eine Leistung besteht, darf dies nicht Gegenstand eines städtebaulichen Vertrages sein.[57] Abschließend sind die Bestimmungen des Vergaberechts auch bei Abschluss eines städtebaulichen Vertrages zu beachten.[58]

Städtebauliche Verträge bedürfen gemäß § 11 Abs. 3 BauGB der Schriftform. Mündlich abgeschlossene Verträge sind dahingegen formwidrig und damit nichtig.[59] Im Falle von Rechtsstreitigkeiten können die Vertragsparteien das jeweils zuständige Verwaltungs- oder Zivilgericht anrufen.[60] Auswirkungen auf das Verfahren zur Aufstellung eines Bauleitplans, insbesondere der Beteiligung der Öffentlichkeit ergeben sich nicht, da der formale Ablauf des Verfahrens nicht verändert wird und die gesetzlich vorgesehene Planaufstellung weiterhin in der Verantwortung der Gemeinde liegt.[61] Das heißt, dass alle förmlichen Beschlüsse von der Gemeinde durchzuführen sind und diese nicht auf einen Privaten übertragen werden können.[62]

In der Praxis haben sich die städtebaulichen Verträge durchgesetzt und ergänzen vielfältig die förmliche Bauleitplanung.[63]

54 Vgl. ebd., Rn. 21; vgl. Finkelnburg/Ortloff/Kment, a. a. O. (Fn. 11), § 11, Rn. 10.
55 Vgl. Löhr, a. a. O. (Fn. 38), Rn. 20.
56 Vgl. Finkelnburg/Ortloff/Kment, a. a. O. (Fn. 11), § 11, Rn. 10.
57 Vgl. ebd., Rn. 12; vgl. Löhr, a. a. O. (Fn. 38), Rn. 24.
58 Vgl. Finkelnburg/Ortloff/Kment, a. a. O. (Fn. 11), § 11, Rn. 14.
59 Vgl. Bunzel/Coulmas/Schmidt-Eichstaedt, a. a. O. (Fn. 40), S. 54.
60 Vgl. ebd.
61 Vgl. § 11 Abs. 1 S. 1. BauGB.
62 Vgl. Löhr, in: Battis/Krautzberger/ders., a. a. O. Fn. 20, S. 272.
63 Vgl. Finkelnburg/Ortloff/Kment, a. a. O. (Fn. 11), § 11, Rn. 2.

2.1.3 Vorhaben- und Erschließungsplan

Eine weitere Möglichkeit zur Einbindung privater Dritter ist der so genannte Vorhaben- und Erschließungsplan (vorhabenbezogener Bebauungsplan) nach § 12 BauGB. Bereits 1990 wurde dieses Instrument in der Bauplanungs- und Zulassungsverordnung (BauZVO) der DDR eingeführt. Der Hintergrund hierfür war die Schaffung der bauplanungsrechtlichen Grundlagen, um dem dringenden Investitionsbedarf in der ehemaligen DDR nachzukommen.[64] Dies sollte durch die Zusammenarbeit mit privaten Dritten erleichtert werden. Mit dem BauROG 1998 wurde der Vorhaben- und Erschließungsplan unbefristet in das allgemeine Städtebaurecht integriert und stetig fortentwickelt.[65]

Der Vorhaben- und Erschließungsplan stellt eine besondere (Unter)-Art eines Bebauungsplans dar, da dieser keine Angebotsplanung ist, sondern vor dem Hintergrund eines konkreten Projektes, dessen Vorhabenträger bereits bekannt ist, aufgestellt wird.[66] Damit wird das Baurecht für ein konkretes Vorhaben geschaffen, das dem Plan zugrunde liegt. Das Instrument besteht aus drei Bestandteilen:

- dem Vorhaben- und Erschließungsplan,
- einem Durchführungsvertrag (städtebaulicher Vertrag) zwischen Gemeinde und Investor und
- dem vorhabenbezogenen Bebauungsplan.

In dem Vorhaben- und Erschließungsplan konkretisiert der Investor die Planung für sein Vorhaben, das er auf seinem Grundstück realisieren möchte. Hierbei werden insbesondere Art und Maß der baulichen Nutzung, überbaubare Grundstücksflächen, Stellplätze, Verkehrsflächen und Vorgaben für den Immissionsschutz bestimmt. Aufbauend auf dem Vorhaben- und Erschließungsplan wird zwischen der Gemeinde und dem Investor ein Durchführungsvertrag geschlossen. In diesem verpflichtet sich

64 Vgl. ebd., § 10, Rn. 2.

65 Vgl. Krautzberger, Durchführungsvertrag beim Vorhaben- und Erschließungsplan nach § 12 BauGB, im Internet unter: http://www.krautzberger.info/file/page/aufsaetze_vortraege/durchfuehrungsvertrag_30062006.pdf, S. 1, Zugriff am 14.08.12.

66 Vgl. Finkelnburg/Ortloff/Kment, a. a. O. (Fn. 11), § 10, Rn. 3.

der Investor zur Durchführung des Vorhabens und der Maßnahmen zur Erschließung innerhalb einer bestimmten Frist und zur Verteilung der Kosten für die Planung.[67] Abschließend leitet die Gemeinde das Aufstellungsverfahren über den vorhabenbezogenen Bebauungsplan ein. Die Initiative geht dabei in der Regel nicht von der Gemeinde aus, sondern der Investor tritt mit seiner Planungsabsicht an die Gemeinde heran und beantragt die Einleitung des Bebauungsplanverfahrens.[68] Die Gemeinde hat pflichtgemäß über den Antrag des Investors zu entscheiden. Hierbei ist jedoch wiederum zu beachten, dass auch der vorhabenbezogene Bebauungsplan keine Verpflichtung zur Aufstellung eines Bebauungsplans begründen kann.[69] Stimmt die Gemeinde der Aufstellung des vorhabenbezogenen Bebauungsplans zu, durchläuft dieser das Regelverfahren zur Aufstellung eines Bauleitplans (s.o.). Hierbei findet wiederum eine zweistufige Beteiligung der Öffentlichkeit und der Behörden sowie eine Abstimmung mit den Nachbargemeinden statt. Gegenstand der Beteiligung ist auch die Begründung des vorhabenbezogenen Bebauungsplans, in der auch die abwägungsrelevanten Inhalte des Durchführungsvertrages dargestellt werden müssen.[70] Wie bereits oben beschrieben, kann die Gemeinde hierbei die Vorbereitung und Durchführung von Verfahrensschritten einem Dritten übertragen.[71] Dies kann auch Gegenstand des Durchführungsvertrags sein.

Wie auch bei der Übertragung einzelner Verfahrensschritte auf einen Dritten nach § 4b BauGB oder dem städtebaulichen Vertrag nach § 11 BauGB wird mit dem vorhabenbezogenen Bebauungsplans das Ziel verfolgt, die Gemeinden von Planungs- und Erschließungsaufgaben zu entlasten und die Initiative privater Dritter zu stärken.[72]

67 Vgl. ebd., Rn. 17; vgl. Krautzberger, a. a. O. (Fn. 4), §12, Rn. 14.
68 Vgl. § 12 Abs. 2 BauGB.
69 Vgl. Finkelnburg/Ortloff/Kment, a. a. O. (Fn. 11), § 10, Rn. 25.
70 Vgl. Busse/Grziwotz, VEP – Der Vorhaben- und Erschließungsplan, 2. Aufl., Berlin 2006, Rn. 335.
71 Vgl. ebd., Rn. 337.
72 Vgl. Löhr, a. a. O. (Fn. 38), Rn. 9.

2.2 Frage 2: Beteiligung Privater bei der Durchführung der Bauleitplanung

Gibt es Regelungen bezüglich der Beteiligung Privater bei der Überwachung und Geltendmachung sowie dem Vollzug von Bebauungsplänen und der Bauordnung? Sind private Instanzen berechtigt Bewertungen zu übernehmen oder ist es ihnen auch erlaubt Genehmigungen auszustellen und daran anknüpfende Maßnahmen zur Durchführung festzulegen?

Vorbemerkung

Zur Beantwortung der Frage muss zwischen dem Bauplanungsrecht und dem Bauordnungsrecht unterschieden werden. Das Baurecht in Deutschland bezeichnet die Gesamtheit der Rechtsvorschriften, nach denen sich bestimmt, ob und wie ein Grundstück baulich oder in einer sonstigen bodenrechtlich relevanten Art genutzt werden darf.[73] Hierbei wird zwischen dem öffentlichen und dem privaten Baurecht unterschieden. Das öffentliche Baurecht enthält die Regelungen, nach denen sich im öffentlichen Interesse die bauliche und sonstige Nutzung eines Grundstücks zu richten hat.[74] Es wird unterteilt in das Bauplanungsrecht und das Bauordnungsrecht. Während das Bauplanungsrecht vor allem die Nutzungsmöglichkeiten des Bodens bestimmt, umfasst das Bauordnungsrecht die Anforderungen an die Gestaltung und die Konstruktion eines Bauwerks, an Baustoffe sowie das Baugenehmigungsverfahren.[75] Das aus dem Baupolizeirecht stammende Bauordnungsrecht dient damit vor allem der Gefahrenabwehr und zur Baugestaltung.[76]

Die Gesetzgebungskompetenz für das öffentliche Baurecht muss der Bund sich mit den Bundesländern teilen. Aufgrund seiner Zuständigkeit für das Bodenrecht hat der Bund hierbei insbesondere eine Kompetenz für

73 Vgl. Büchner/Schlotterbeck, Baurecht, 4. Aufl., Stuttgart 2011, A – Kap. 1, Rn. 2.

74 Vgl. Finkelnburg/Ortloff/Kment, a. a. O. (Fn. 11), § 1, Rn. 1.

75 Vgl. Garrelmann, Die Entwicklung des Bauordnungsrechts, Frankfurt am Main 2010, S. 3.

76 Vgl. Büchner/Schlotterbeck, Baurecht, 4. Aufl., Stuttgart 2011, B – Kap. 1, Rn. 50.

das Bauplanungsrecht.[77] Von dieser Kompetenz hat der Bund durch den Erlass des Baugesetzbuchs Gebrauch gemacht. Wesentliches Handlungsinstrument stellt hierbei die Bauleitplanung in Form des Flächennutzungsplans und des Bebauungsplans dar.[78] Das Bauordnungsrecht liegt in der Gesetzgebungskompetenz der Länder.[79] Entsprechend haben die 16 Bundesländer in Deutschland jeweils verschiedene Bauordnungen erlassen, die nur in dem jeweiligen Bundesland gelten.

2.2.1 Bauplanungsrecht

Das Bauplanungsrecht sieht eine Beteiligung privater Dritter nur bei der Erarbeitung der Planentwürfe sowie der Durchführung der Verfahrensschritte zur Aufstellung der Bauleitpläne vor. Dieser tritt jedoch nur als Verwaltungshelfer auf und verfügt über keine eigenen hoheitlichen Befugnisse.[80] Die Gemeinde trägt nach wie vor die Verantwortung für die Bauleitplanung und muss die Beschlüsse über den Plan selbst treffen. Dies gilt insbesondere für den Beschluss über den Bauleitplan am Ende des Verfahrens.[81]

Auch die Überwachung der Einhaltung der Vorgaben des Bauleitplans sowie das mit der Umweltprüfung eingeführte Monitoring zur Überwachung der erheblichen Umweltauswirkungen nach § 4c BauGB sind hoheitliche Aufgaben der Gemeinden, die nicht übertragen werden können.

Bezüglich des Vollzugs können in einem städtebaulichen Vertrag nach § 11 BauGB Regelungen getroffen werden. So kann sich ein Privater auf der Grundlage eines Planverwirklichungsvertrages nach § 11 Abs. 1 S. 2 Nr. 2 BauGB dazu verpflichten:

- eine bauliche Anlage zu errichten,
- eine bauliche Anlage oder ein Grundstück in einer bestimmten Art und Weise zu nutzen[82] oder auch

77 Vgl. Finkelnburg/Ortloff/Kment, a. a. O. (Fn.11), § 1, Rn. 2.
78 Vgl. ebd., Rn. 5.
79 Vgl. ebd., Rn. 3.
80 Vgl. ebd., § 16, Rn. 14.
81 Vgl. ebd., Rn. 68.
82 Vgl. Bunzel/Coulmas/Schmidt-Eichstaedt, a. a. O. (Fn. 40), S. 101.

- Maßnahmen zum Ausgleich von Eingriffen in Natur und Landschaft durchzuführen.[83]

Soweit hierfür entsprechende Genehmigungen notwendig sind, muss der private Dritte diese jedoch erst beantragen. Ist zum Beispiel eine Baugenehmigung für die Errichtung einer baulichen Anlage erforderlich, ist diese entsprechend zu beantragen. Das Baugenehmigungsverfahren ist in den jeweiligen Landesbauordnungen der Länder (Bauordnungsrecht) geregelt.[84]

2.2.2 Bauordnungsrecht

Das Bauordnungsrecht umfasst die Vorschriften des Baurechts, die die Errichtung, die Nutzung sowie die Änderung einzelner baulicher Anlagen betreffen.[85] Im Rahmen eines Baugenehmigungsverfahrens prüft die zuständige Behörde auf Antrag (Baugesuch) eines Bauherren, ob für das Vorhaben die Voraussetzungen zur Erteilung einer Baugenehmigung vorliegen. Die Baurechtsbehörde muss hierbei prüfen, ob öffentlich-rechtliche Vorschriften dem Bauantrag entgegenstehen.[86] Hierbei sind insbesondere Vorgaben des Bauplanungsrechts, des Bauordnungsrechts und des so genannten Baunebenrechts (sonstige öffentlich-rechtliche Vorschriften) zu prüfen. Zur bauplanungsrechtlichen Prüfung gehört insbesondere, ob das Vorhaben im Einklang mit den Festsetzungen eines Bebauungsplans steht und die Erschließung gesichert ist.[87] Die bauordnungsrechtliche Prüfung umfasst insbesondere die Einhaltung der Vorgaben des Abstandsflächenrechts sowie örtlicher Bauvorschriften.[88] Diese Prüfungen und insbesondere die Erteilung der Baugenehmigung können nur von der jeweils zuständigen Bauordnungsbehörde durchgeführt werden. Eine Verlagerung auf einen privaten Dritten ist nicht möglich.

Im Hinblick auf die Vereinfachung und Beschleunigung von Verwaltungsverfahren gibt es auch verschiedene Bestrebungen zur Vereinfachung

83 Vgl. ebd., S. 106.
84 Vgl. Büchner/Schlotterbeck, a. a. O. (Fn. 76), B – Kap. 2, Rn. 129.
85 Vgl. Garrelmann, a. a. O. (Fn. 75).
86 Vgl. Büchner/Schlotterbeck, a. a. O. (Fn. 76), B – Kap. 2, Rn. 159.
87 Vgl. § 30 BauGB.
88 Vgl. Büchner/Schlotterbeck, a. a. O. (Fn. 76), B – Kap. 2, Rn. 159a.

des Baugenehmigungsverfahrens.[89] So gibt es in den Bauordnungen der Länder neben dem normalen Baugenehmigungsverfahren auch ein vereinfachtes Baugenehmigungsverfahren, bei dem die zuständige Baubehörde ein eingeschränktes Prüfprogramm vornimmt.[90] Hierbei erfolgt nur noch die Prüfung der bauplanungsrechtlichen Vorgaben. Das Bauordnungsrecht wird regelmäßig nicht mehr geprüft, da davon ausgegangen wird, dass die Vorschriften der Landesbauordnungen so eindeutig sind, dass diese vom Bauherren oder dem Architekten eingehalten werden.[91] Außer bei Sonderbauten (z.B. Hochhäuser) kommt regelmäßig das vereinfachte Baugenehmigungsverfahren zur Anwendung.[92] Aber auch bei dem reduziertem Prüfumfang bzw. dem Verzicht auf eine präventive Prüfung bleibt die Behörde zuständig für das Verfahren.[93] Die Einhaltung der öffentlich-rechtlichen Vorschriften liegt damit stärker in der Verantwortung des Bauherren, wobei dieser sich keine Genehmigung ausstellen kann.

2.3 Frage 3: Private Initiativen und städtische Infrastrukturen

Gibt es gesetzliche Regelungen bezüglich der privaten Verwaltung städtischer Infrastrukturen und öffentlicher Plätze? Ist diese Gesetzgebung auf einzelne Infrastrukturmaßnahmen oder Plätze begrenzt oder kann sie rechtliche Rahmen für ganze Nachbarschaften und andere städtischer Gebiete darstellen? Ist die Verwaltung einer Nachbarschaft und anderer Gebiete an Eigentümer- oder Nachbarschaftsgemeinschaften gebunden oder können Konzessionsinhaber und andere private kommerzielle Unternehmen die Verwaltung übernehmen? Wie wird hierbei eine kommunale oder öffentliche Kontrolle der Verwaltungsentscheidungen gesichert?

Vorbemerkung

Bezüglich der Herstellung und Verwaltung städtischer Infrastrukturen werden im ersten Teil der Antwort die generellen Möglichkeiten des Public

89 Vgl. Garrelmann, a. a. O. (Fn. 75), S. 20.
90 Vgl. ebd., S. 77.
91 Vgl. ebd., S. 137.
92 Vgl. ebd., S. 135.
93 Vgl. ebd., S. 136.

Private Partnership erläutert. Im zweiten Teil erfolgt eine eingehende Behandlung der Möglichkeit privater Initiativen in der Stadtentwicklung, die sich auf funktionale und gestalterische Verbesserung von Stadtquartieren beziehen.

2.3.1 Public Private Partnership

Public Private Partnership (PPP) bezeichnet die Zusammenarbeit von Institutionen der öffentlichen Hand und Firmen oder Institutionen aus dem privatwirtschaftlichen Bereich.[94] Im Bereich der infrastrukturellen Daseinsvorsorge bestehen Möglichkeiten der Kooperation bei der Abwasserbehandlung, der Abfallbeseitigung sowie dem Bau und der Unterhaltung von Verkehrswegen oder öffentlichen Gebäuden.[95] In diesen Bereichen wird häufig von einer funktionalen Privatisierung Gebrauch gemacht. Hierbei kommt es zu einer teilweisen Aufgabenprivatisierung ohne Übertragung der Verantwortung für die Erfüllung der hoheitlichen Aufgabe (z.B. Bau von Schulgebäuden, aber keine Durchführung des Schulbetriebs).[96]

Verschiedene PPP-Modelle sind dabei möglich. Beim so genannten Erwerbermodell bekommt die öffentliche Hand von einem privaten Betreiber eine von diesem errichtete Liegenschaft für eine vertraglich vereinbarte Zeit gegen ein entsprechendes Entgelt.[97] Beim so genannten Leasingmodell mietet die öffentliche Hand eine Liegenschaft gegen ein entsprechend vereinbartes Entgelt und hat bei Vertragsende eine Option für den Kauf.[98] Bei einem Contractingmodell übernimmt der private Partner bestimmte Leistungen, wie etwa die Energieversorgung oder Telekommunikation gegen ein laufendes Entgelt. Die für die Ausführung der Leistungen erforderlichen Liegenschaften sind regelmäßig im Eigentum der öffentlichen Hand.[99]

---

94 Vgl. Kochendörfer, Public Private Partnership, in: Henckel/Kuczkowski/Lau/Pahl-Weber/et. al., Planen – Bauen – Umwelt, Wiesbaden 2010, S. 382.

95 Vgl. ebd.

96 Vgl. Bundesministerium für Verkehr, Bau und Stadtentwicklung, Gutachten „PPP und Förderrecht", Berlin 2006, S. 17.

97 Vgl. ebd., S. 19.

98 Vgl. ebd., S. 20.

99 Vgl. Kochendörfer, a. a. O. (Fn. 94), S. 383.

Die gesetzlichen Grundlagen für eine entsprechende Aufgabenübertragung sind in den jeweiligen Fachgesetzen geregelt. So können im Bereich der Abfallentsorgung gemäß § 22 KrWG[100] die zur Verwertung und Beseitigung Verpflichteten (Städte, Gemeinde der Landkreise), Dritte mit der Erfüllung ihrer Pflichten beauftragen. Die Verantwortlichkeit der öffentlichen Hand für die Erfüllung dieser Pflichten bleibt hiervon unberührt und so lange bestehen, bis die Entsorgung endgültig und ordnungsgemäß abgeschlossen ist. Die beauftragten Dritten müssen über die erforderliche Zuverlässigkeit verfügen. Im Bereich der Wasserwirtschaft ermöglicht § 57 WHG[101] die Übertragung der Pflichten der Abwasserbeseitigung an Dritte. Die Übertragung dieser gesetzlichen Pflichten der infrastrukturellen Daseinsvorsorge bezieht sich dabei regelmäßig auf das gesamte Gebiet einer Kommune. Bei Bauvorhaben, die im Rahmen einer PPP durchgeführt werden, handelt es sich regelmäßig um einzelne Objekte, wie Schulen, Krankenhäuser, kommunale Gebäude oder Verkehrsinfrastrukturen.[102] PPP-Projekte bei denen die Entwicklung eines gesamten Stadtteils vorgenommen wird, sind dahingegen die Ausnahme.[103]

2.3.2 Private Initiativen zur Stadtentwicklung

Eine neuere Form der Zusammenarbeit mit Privaten im Bereich des Städtebaus stellen Business Improvement Districts (BID) oder Housing Improvement Districts (HID) dar. Definiert wird ein BID als „a public/private partnership in which property and business owners elect to make a collective contribution to the maintenance, development and promotion of their

100 Gesetz zur Förderung der Kreislaufwirtschaft und Sicherung der umweltverträglichen Bewirtschaftung von Abfällen (Kreislaufwirtschaftsgesetz – KrWG), v. 24.02.2012 (BGBl. I S. 212).

101 Gesetz zur Ordnung des Wasserhaushalts (Wasserhaushaltsgesetz – WHG), v. 31.07.2009 (BGBl. I S. 2585), zuletzt geändert durch Art. 5 Abs. 9 d. G. v. 24.02.2012 (BGBl. I S. 212).

102 Vgl. Bundesministerium für Verkehr, Bau und Stadtentwicklung, a. a. O. (Fn. 96), S. 15.

103 Vgl. Bundesverband PPP, http://www.bppp.de/bppp.php/cat/25/title/Fallbeispiele, Zugriff am 04.09.2012.

commercial district"[104]. Ein Housing Improvement District oder Area ist definiert als „an area in a city in which housing improvements in condominium or townhome complexes may be financed with the assistance of the city"[105]. Der ursprünglich aus Nordamerika stammende Steuerungsansatz zur Revitalisierung von Standorten wurde mit der Novellierung des Baugesetzbuchs im Jahr 2007 eingeführt.[106] Die bundesrechtliche Regelung des § 171f BauGB schafft den Rahmen für den Erlass rechtlicher Regelungen in den Bundesländern zur Einbindung privater Initiativen in der Stadtentwicklung.[107] Die landesgesetzlichen Voraussetzungen zur Einrichtung von BIDs wurden bisher in Bremen[108], Hamburg[109], Hessen[110], Nordrhein-Westfalen[111], dem Saarland[112] und Schleswig-Holstein[113] geschaffen. Das Hamburger BID-Gesetz trat als Erstes in Kraft und gilt als Modell für die BID-Gesetze in anderen Bundesländern.

Grundprinzip dieser damit möglichen Immobilien- oder Standortgemeinschaften ist die Entwicklung und Durchführung von Maßnahmen in

---

104 Vgl. DSBS – Department of Small Business Services, Streetwise & Business Savy, Best Practices and Accomplishments from New Yorks City's BIDs, New York 2005.

105 Vgl. Baker/Dyson, House Research, Short Subjects: Housing Improvement Areas, im Internet unter: http://www.house.leg.state.mn.us/hrd/pubs/ss/sshia.pdf, Zugriff am 04.09.2012.

106 Vgl. Krautzberger, a. a. O. (Fn. 4), § 171f, Rn. 2.

107 Vgl. Roeser, in: Schlichter/Stich (Hrsg.), Berliner Kommentar zum Baugesetzbuch, 3. Aufl., Loseblattsammlung, Stand: 17. Lfg./12.2007, § 171f, Rn. 2.

108 Gesetz zur Stärkung von Einzelhandels- und Dienstleistungszentren (BGSED) trat am 27.07.2006 in Kraft (Brem. GBl. Nr. 41, S. 350), zuletzt geändert am 02.07.2009 (Brem. GBl. Nr. 26, S. 181).

109 Gesetz zur Stärkung der Einzelhandels- und Dienstleistungszentren (GSED) trat am 01.01.2005 in Kraft (Hmb. GVBl. 2004, S. 525), zuletzt geändert am 27.11.2007 (Hmb. GVBl 2007, S. 405).

110 Gesetz zur Stärkung von innerstädtischen Geschäftsquartieren (INGE) trat am 01.01.2006 in Kraft (Hess. GVBl. I 2005, S. 867).

111 Gesetz über Immobilien- und Standortgemeinschaften (ISG) trat am 10.06.2008 in Kraft (GVBl. NRW Nr. 19 2008, S. 467).

112 Gesetz zur Schaffung von Bündnissen für Investition und Dienstleistung (BIDG) trat am 07.12.2007 in Kraft (Amtsblatt 2007, S. 2242).

113 Gesetz über die Einrichtung von Partnerschaften zur Attraktivierung von City-, Dienstleistungs- und Tourismusbereichen (PACT) trat am 13.07.2006 in Kraft (GVOBl. Schleswig-Holstein 2006, S. 158).

einem räumlich abgegrenzten Gebiet in privater Verantwortung.[114] In der Literatur wird dabei die Gefahr gesehen, dass Städte und Gemeinden ihre „Handlungskompetenz im Bereich des Städtebaurechts ein Stück weit aus der Hand“[115] geben. Dem kann jedoch entgegengehalten werden, dass die vorgesehenen standortbezogenen Maßnahmen nach § 171f S. 1 BauGB nur „auf der Grundlage eines mit den städtebaulichen Zielen der Gemeinde abgestimmten Konzepts“ erfolgen können. Dieses Standortkonzept muss den städtebaulichen Zielsetzungen der Gemeinde entsprechen und darf diese nicht konterkarieren.[116] Dabei müssen die Gemeinden auch die Auswirkungen der privaten Maßnahmen auf umliegende Gebiete beachten. Schließlich soll es nicht zu einer innerstädtischen Verlagerung von Missständen kommen oder soziale Disparitäten erzeugt werden.[117] Steht das Standortkonzept nicht in Einklang mit den städtebaulichen Zielsetzungen kann die Gemeinde die Einrichtung einer Standortgemeinschaft ablehnen.

Beispielhaft werden in § 171f BauGB die möglichen Inhalte der privaten Initiativen aufgezeigt. Diese umfassen Konzepte zur Stärkung oder Entwicklung von Bereichen der Innenstädte, Stadtteilzentren, Wohnquartiere und Gewerbezentren sowie von sonstigen für die städtebauliche Entwicklung bedeutsamen Bereichen. Mögliche Maßnahmen in einem BID können die:

- Erarbeitung des Entwicklungskonzeptes für das BID,
- Erbringung von allgemeinen Dienstleistungen für die Sauberkeit, Sicherheit und die Betreuung von Besuchern,
- Finanzierung und Durchführung von Baumaßnahmen in Abstimmung mit den jeweils Berechtigten,
- Bewirtschaftung von Grundstücken,
- Durchführung gemeinschaftlicher Werbemaßnahmen,

---

114 Vgl. Krautzberger, in: Ernst/Zinkahn/Bielenberg/ders., Kommentar zum Baugesetzbuch, Loseblattsammlung Stand: 9/2007, § 171 f, Rn. 11; vgl. Roeser, a. a. O. (Fn. 107), Rn. 3.

115 Vgl. Roeser, a. a. O. (Fn. 107), Rn. 3.

116 Vgl. ebd., Rn. 7.

117 Vgl. Kersten, Buisness Improvement Districts in der Bundesrepublik Deutschland, UPR 04/2007, S. 121 (121 f.).

- Organisation von Veranstaltungen (z. B. Straßenfeste, Events),
- Vereinbarung über die Durchführung von Maßnahmen mit öffentlichen Stellen oder ansässigen Betrieben oder die
- Abgabe von Stellungnahmen in Beteiligungsverfahren umfassen.

Diese Maßnahmen sollen einen Beitrag dazu leisten, Stadtquartiere in funktionaler Art und Weise sowie in ihrer Ästhetik zu verbessern.[118] Unabhängig davon, ob bestimmte Maßnahmen in den Landesgesetzen aufgezählt werden oder nicht, bilden diese immer so genannte „on top-Maßnahmen“, die kommunalen Pflichtaufgaben nicht ersetzen, sondern über die Aufgaben der kommunalen Daseinsvorsorge hinausgehen.[119] Die Durchführung wird mit einem öffentlich-rechtlichen Vertrag zwischen dem Auftragnehmer und der Gemeinde normiert; er legt Rechte und Pflichten für beide Parteien fest.[120]

Räumlich müssen die Grenzen des Entwicklungsbereichs, wie bei Sanierungs- oder Stadtumbaugebieten[121], mit der Gemeinde abgestimmt und durch einen befristeten Beschluss festgelegt werden. In der Praxis erfolgt die Abgrenzung in der Regel stadtteil- oder quartiersbezogen, wobei auch andere Abgrenzungen möglich sind, bzw. gesetzlich keine Einschränkung erfolgt.[122] Deutlich wird aber der Bezug zur Innenentwicklung und zum baulichen Bestand.[123]

Die Finanzierung der Maßnahmen erfolgt durch eine zweckgebundene Zwangsabgabe. Hauptakteure sind hierbei die Grundstücks- oder Gebäudeeigentümer. Die rechtliche Legitimation erfolgt durch eine eigene

---

118 Vgl. Reidt, in: Battis/Krautzberger/Löhr, Baugesetzbuch Kommentar, 12. Aufl., München 2014, § 171f, Rn. 2.

119 Vgl. Kreutz/Krüger, Urban Improvement Districts, in: Jahrbuch Stadterneuerung 2008, Berlin 2008, S. 267; vgl. Kersten, § 171f, in: Spannowsky/Uechtritz, Baugesetzbuch Kommentar, München 2009, Rn. 53.

120 Vgl. Roeser, a. a. O. (Fn.107), § 171f, Rn. 12.

121 Vgl. § 140 S. 1 Nr. 2 BauGB und § 171 b Abs. 1 S. 1 BauGB.

122 Vgl. Krautzberger, a. a. O. (Fn.114), § 171f, Rn. 2; vgl. Schmidt-Eichstaedt, in: Brügelmann, Kommentar zum Baugesetzbuch, Loseblattsammlung Stand: 06/2007, § 171 f, Rn. 11; ebenso Kersten, in: Spannowsky/Uechtritz, Baugesetzbuch Kommentar, München 2009, § 171 f, Rn. 28.

123 Vgl. Finkelnburg/Ortloff/Kment, Öffentliches Baurecht, 6. Aufl., München 2011, § 32, Rn. 18.

Gesetzgebung, in der die Erhebung der Abgaben sowie die Organisation bestimmt werden.[124] Nach Durchführung eines öffentlichen Beteiligungsverfahrens, bei dem das Konzept des BID oder HID öffentlich ausgelegt wird, erfolgt eine Entscheidung über die Einrichtung, in dem alle nach dem Konzept Zahlungspflichtigen zu ihrer Meinung befragt werden. Je nach gesetzlich festgelegtem Quorum erfolgt bei 51 oder bis zu 70 Prozent Zustimmung die Festsetzung des BID/HID durch die Gemeinde.[125]

Bei allen Maßnahmen bleibt die Planungshoheit der Gemeinde unangetastet, da nur im Einvernehmen mit ihr private Akteure die Berechtigung erhalten, auf eigene Initiative und mit eigenen finanziellen Mitteln in einem festgelegten Gebiet, zu handeln. So wie die Gemeinde dem Konzept einschließlich der Gebietsabgrenzung zustimmen kann, ist es ihr ebenso möglich in Folge der Abwägung der öffentlichen und privaten Belange die Einrichtung eines BID oder HID abzulehnen. Selbst mit einem positiven Quorum der Bürgerschaft ist dies möglich, da grundsätzlich kein Anspruch auf die förmliche Billigung durch die Gemeindevertretung besteht.[126]

Fallbeispiel: Business Improvement District „Neuer Wall" – Hamburg

Ein Beispiel für einen BID in Deutschland ist der „Neue Wall" in Hamburg. Grundlage für die Einrichtung des BID ist das Gesetz zur Stärkung der Einzelhandels-, Dienstleistungs- und Gewerbezentren (GSED) im Jahr 2004. Bereits im Jahr 2005 wurde der Business Improvement District „Neuer Wall" Hamburg als erster innerstädtischer BID in Deutschland eingerichtet.[127] Hierbei handelte es sich um einen Geschäftsbereich mit gehobenem kleinteiligem Einzelhandel. Im Zuge der Durchführung des mit der Verwaltung abgestimmten Standortkonzeptes erfolgte eine umfassende Neugestaltung des öffentlichen Raums über Pflaster, Straßenmöblierung und Begrünung. Weitere Maßnahmen umfassen eine gemeinsame

---

124 Vgl. Wiezorek, Business Improvement Districts und Housing Improvement Districts, in: Henckel/Kuczkowski/Lau/Pahl-Weber/et. al., Planen – Bauen – Umwelt, Wiesbaden 2010, S. 90.

125 Vgl. ebd.

126 Vgl. Schmidt-Eichstaedt, a. a. O. (Fn. 122), Rn. 12 ff.

127 Vgl. Wulff, Der Neue Wall hat gewonnen!, im Internet unter: http://www.otto-wulff.de/unternehmen/aktuelles/der-neue-wall-hat-gewonnen.html, Zugriff am 04.09.2012.

Präsentation und Werbung sowie die Herstellung der Sicherheit, Ordnung und Sauberkeit durch private Dienstleister.[128] Die Finanzierung der Maßnahmen erfolgt durch Beitragszahlungen der Grundeigentümer.[129] Im Jahr 2010 haben sich die Grundstückseigentümer entschieden, das BID bis zum Jahr 2015 weiter fortzuführen.[130] Alleine in Hamburg wurden bislang 10 BIDs eingerichtet.[131]

Fallbeispiel: Housing Improvement District „Steilshoop" – Hamburg

Eine der städtebaulich prägnantesten Wohnbaugroßvorhaben der 1970er Jahre in Deutschland bildet die Großsiedlungen Steilshoop im Hamburger Bezirk Wandsbek. Die Siedlung wurde als doppelte Baublockreihe mit einer zentralen Fußgängerzone konzipiert. Die 20 Blöcke umfassen jeweils eine Grundfläche von 90 x 150 m mit bis zu 13 Geschossen. Nach Fertigstellung im Jahr 1976 wohnen dort fast 23.000 Menschen.[132] Bereits in den 1990er Jahren wurde ein Sanierungsgebiet festgelegt, um die städtebauliche Qualität der Großsiedlung zu verbessern, die aufgrund der Ballung von Menschen mit geringen Einkommen in dichten baulichen Strukturen in der Kritik stand.

Zur Aufwertung des Stadtteils werden seit dem Jahr 2006 Vorbereitungen für die Einrichtung eines Innovationsquartiers getroffen. Maßnahmen umfassen die Neugestaltung der zentralen Fußgängerachse, zusätzliche Reinigung und Grünpflege sowie die Umsetzung eines Orientierungskonzeptes

---

128 Vgl. Welt Online, In Hamburg heißt es: Bitte ein BID!, im Internet unter: http://www.welt.de/print/die_welt/hamburg/article108520537/In-Hamburg-heisst-es-Bitte-ein-BID.html, Zugriff am 05.09.2012.

129 Vgl. Wulff, Neuer Wall Rahmenbedingungen, im Internet unter: http://www.bid-neuerwall.de/neuer-wall/bid-projekt/rahmenbedingungen.html, Zugriff am 04.09.2012.

130 Vgl. Wulff, Neuer Wall Hamburg, im Internet unter: http://www.bid-neuerwall.de, Zugriff am 05.09.2012.

131 Vgl. Hamburg, Business Improvement Districts, im Internet unter: http://www.hamburg.de/bid-projekte/, Zugriff am 05.09.2012.

132 Vgl. Reinborn, Städtebau im 19. und 20. Jahrhundert, Stuttgart 1996, S. 266.

sowie ein gemeinsames Stadtteilmarketing.[133] Beteiligte Akteure sind Grundeigentümer und Bewohner des Quartiers, Quartiersmanagement, sowie verschiedene Behörden der Hansestadt Hamburg. Vorgesehener Aufgabenträger für die Durchführung der Maßnahmen ist die Otto Wulff BID GmbH in Zusammenarbeit mit ProQuartier Hamburg GmbH. Die Kosten für die vorgesehenen Maßnahmen in dem Innovationsquartier sind mit rund 4.112.450 EURO veranschlagt, die über eine Abgabe der Grundeigentümer finanziert werden sollen.[134] Anfang 2012 wurde die öffentliche Auslegung des Standortkonzeptes vorgenommen und dabei die erforderliche Zustimmungsquote für die Einrichtung eines BID erreicht.

133 Vgl. Freie und Hansestadt Hamburg, Behörde für Stadtentwicklung und Umwelt, Projektblatt HID Steilshoop, im Internet unter: http://www.hamburg.de/contentblob/2641682/data/steilshoop-projektblatt.pdf, Zugriff am 06.09.2012.

134 Vgl. InQ Steilshoop, Antrag auf Errichtung eines Innovationsquartiers, im Internet unter: http://www.inq-steilshoop.de/dokumente/InQ-Steilshoop_Antragsunterlagen.pdf, Zugriff am 06.09.2012.

Georgia Giannakourou and Evangelia Balla

3. Greece

Introduction

Urban and regional planning is perceived in Greece as a government's duty and responsibility[1]. However, due to the financial and economic crisis the country is facing since early 2010 and the consequent government downsizing, the balance between public and private sector's involvement in planning functions and processes is starting to change. Various functions and activities of urban planning that traditionally fell under the responsibility of public services and public agencies have been recently transferred to private entities. The ambitious privatization program the country has initiated in 2011[2] so as to reduce its public debt and support economic recovery, emphasizes the need for a larger involvement of private sector in real estate development and in planning processes as well.

1 Article 24(2) of the Greek Constitution places urban and regional planning under state authority and control.

2 The Hellenic Republic privatization scheme is the largest declared divestment program in the world. It is aiming at attracting international capital flows that will contribute to reducing Greece's public debt, spreading knowledge and capital into critical sectors of the Greek economy, and supporting the country's economic recovery. The privatization program has been launched on July 2011, under the medium-term fiscal strategy the country adopted in June 2011 (L. 3985/2011). The program includes a large inventory of state-owned assets that are grouped in three major categories: real estate, company shares and rights. In the field of real estate, the scope of the privatization programme encompasses more than 70.000 properties of the public sector that are currently managed by public real estate companies and by various Ministries. The aim of the real estate development and sale programme is to generate proceeds of €25 bn euro. The privatization process of public sector's private properties is described in L. 3986/2011. The latter provides for institutional alternatives to traditional land-use planning, mainly through the establishment of a special planning regime, both substantive and procedural, for the development and the transfer of public land to private investors. For more information, see: http://www.hradf.com/en.

At the same time, several initiatives towards a more market-oriented planning have been activated. Traditional land-use planning has been accused of creating important obstacles to establishment and investment because of excessive regulation, delay and uncertainty[3]. Indeed, according to OECD, "Boosting investment [in Greece] also hinges upon addressing land-use problems firms face during start-up by setting clear and adequate rules for spatial planning"[4].

Under these constraints, the role of spatial planning is rapidly changing in Greece. Planning, as a whole, is called to facilitate and support market interests and private initiatives instead of only regulating and controlling private development. The shift from a reactive and defensive planning culture to a proactive and enabling one seems to be the main challenge for the future.

The concern for a more flexible and responsive planning system goes along with the search for a greater involvement of private entities in the production of development plans and in their implementation as well. So, although urban planning still largely remains within the government domain, several trends in current Greek planning legislation suggest a certain privatization of planning tasks. Among them we should notice the increasing involvement of private developers in the preparation and realization of zoning plans, the outsourcing of planning assessments and controls to private consultants and practitioners and, finally, the management of public spaces and of entire urban areas by private entities. These forms of privatization of Greek planning will be discussed in the next sections of this paper.

3 Hellenic Federation of Enterprises (2010), Entrepreneurship without obstacles, November 2010, p. 14. Available at: http://www.sev.org.gr/Uploads/pdf/30embodia_big_2_12_2010.pdf (last accessed: 30 November 2012); Giannakourou, G. (2010) "Investment land-planning in Greece: problems and solutions" in: Foundation for Economic and Industrial Research (IOBE), The Greek economy, 4/2010, p. 103–110. Available at: http://www.iobe.gr/media/engoik/IOBE_Eng_econ_04_10.pdf (last accessed: 30 November 2012).

4 OECD (2011) Economic Surveys: Greece 2011, OECD Publishing, p. 135.

3.1 Legislation concerning the initiative and drafting of land-use plans

3.1.1 Brief overview of the Greek spatial planning system

In order to facilitate the understanding of the situation in Greece concerning the involvement of private entities in the preparation of zoning plans, a brief overview of the Greek planning system is given below.

According to the Greek Constitution (voted in 1975 and revised in 1986, 2001 and 2008), spatial planning is placed under the regulatory responsibility and the control of the State, in the aim of serving the functionality and the development of settlements and of securing the best possible living conditions (Article 24 par. 2). The Constitution contains provisions regarding land development in urban areas, the contribution of landowners towards securing land for social facilities and amenities, land acquisition, housing for low-income groups, and management of the natural environment[5].

In Greece, urban and regional planning was for a long time the sole responsibility of the central state. However, in the 1980s and in the 1990s but mainly after the 2010 administrative reform ('Kallikratis' Programme)[6], regional administrations and local authorities were given more power and planning responsibilities through a process of 'limited', due to constitutional restrictions, decentralization. Currently, the formulation and approval of all urban master plans, statutory town plans, housing plans and environmental protection programs is within the competence of central state (Ministry of Environment, Energy and Climate Change), while the 13 Regions of the country (2nd tier local authorities) and the 323 Municipalities (1st tier local authorities) have limited powers in planning-making. Their responsibilities concern mainly the initiative for the preparation of a land use plan, the implementation of the plan and the issuance of the building permits as well.

Planning in Greece is carried out at three basic levels: national, regional and local. Each level of planning corresponds broadly to different types of plans, with strategic and framework plans mainly operating at national and regional levels and regulatory town plans and zones at local level.

---

5 Commission of the European Communities (1999), The EU compendium of spatial planning systems and policies. Greece, Luxembourg: CEC, p. 22.

6 L. 3852/2010.

Existing legislation establishes a hierarchical structure between different levels/kinds of planning with the higher tier being binding on the tiers below it. Table No 1 indicates the main planning instruments corresponding at each level of planning.

Table 1: Simplified structure of the Greek planning system

Level	Plans
National	National Spatial Planning Framework
	Special/Sectoral Spatial Planning Frameworks
Regional	Regional Planning Frameworks or Plans
Local	General Urban Plans (GUPs)
	Town Plans
	Implementation of Town Plan

Spatial plans at the national and regional levels are not legally binding for the citizens. On the contrary, land uses included in plans at the local level are legally binding. Even though land use planning may be an outcome of a private entity's initiative, the whole process remains under the state's authority. The latter has the power to approve (or not) the detailed land use plan which must always follow the general directions of a framework planning of an upper level. Moreover, the land-use plan must be in accordance with technical specifications approved by the State.

Involvement of private entities in the preparation of a land use plan may occur either in the framework of 'state planning' or as a result of a private entity's initiative for the urban development of a property area.

3.1.2 Land use planning as a result of state's initiative

General Urban Plans

General Urban Plans (GUP) provide the general guidelines for an area's urban development, covering the whole space within the administrative borders of a municipality. These plans define land uses and average floor area ratios for future land development, general standards for green spaces and basic needed infrastructure as well. They also indicate, within the plan area, special development zones where development for residential, tourist, industrial, commercial or other purpose may take place on the initiative of either a public agency or a private developer.

The initiative for drafting a General Urban Plan falls under the responsibility of the relevant Municipality or under the responsibility of the Ministry of the Environment, Energy and Climate Change[7]. General Urban Plans are ratified by the General Secretary of the Decentralized Administration (appointed by the government) or by the Minister of the Environment (in the metropolitan areas of Athens and Thessaloniki).

In most cases, General Urban Plans are being elaborated by private planning consultants[8]. "In house" preparation is equally possible. However, nowadays, only a minority of municipalities and state agencies use this possibility due to lack of competent staff to draw up drafts of land-use plans[9]. In any case, precise technical specifications[10] have to be taken into account by the private consultants or the public servants who are commissioned with the drafting of the plans.

In both the aforementioned cases, the democratic legitimization in the process of adopting a land use plan is being guaranteed through the involvement of the Municipal Council in the making of the plan. The Municipal Council has the power to decide on the content of the draft plan and adopt it, amend it or even reject it[11]. It has to be said, however, that the decision of the Municipal Council is not binding for the authority responsible for the approval of the plan (General Secretary of the Decentralized Administration or Minister).

Existing legislation provides also for the involvement of citizens and organizations in the making of General Urban Plans. Public participation must

7 L. 1337/83 (Art 3); Code of Basic Urban & Regional Planning Law (Art 83).

8 The legal framework for a public or local authority to delegate the drafting of a zoning plan to private firms is being described in the public procurements Law 3316/2005 which has been legislated in accordance with the Directive EC/2004/18.

9 Due to significant downsizing of the Greek public sector, the competent agencies suffer nowadays from a lack of specialized staff. The few public servants remaining in the central, regional or local agencies are mostly left with administrative tasks (supervision, proof reading etc), while substantive planning tasks (e.g. drafting of plans) are outsourced to private consultants.

10 Ministerial Decision 9572/1845/2000 (Government Gazette 209D/2000).

11 L. 1337/83 (Art 3 par.2, 3).

take place before the approval of the plans and can take the form of open houses, public hearings or any other equivalent action which may guarantee the expression of the citizens' views on the draft of the General Urban Plans[12]. Consultation with the public and with the interested stakeholders may also take place within the framework of the Strategic Environmental Assessment[13] accompanying the procedure for the adoption of General Urban Plan. Finally, after the approval of a General Urban Plan, challenges against the content of the plan or/and the procedures followed during its preparation can be brought before the Council of State (supreme administrative court) by natural or legal persons suffering material or moral injury by the act challenged.

Town Plans

Town Plan is a generic term which covers a variety of zoning plans at the local level and applies in the 'within-the-plan' areas[14]. These plans determine street alignments, building lines and land-use designations and are accompanied by a building ordinance[15]. The Town Plan aims, among others, to define land uses in accordance with standard land-use categories, private development land and land for community use.

As in the case of the General Urban Plan, the initiative for drafting a Town Plan falls under the responsibility of the relevant Municipality or of the Ministry of the Environment, Energy and Climate Change[16]. The possibility to delegate the preparation of a Town Plan to a private entity (urban planning consultant or firm) applies also in this case, with the obligation

12 ebd. (Art 3 par.2).
13 Article 7, par.4.2, of Ministerial Decision 107017/2006 (Government Gazette 1225B/2006).
14 Within-the-plan areas and out-of-plan areas are a major distinction in Greek planning legislation. Within-the-plan areas are covered by statutory town plans, where by contrast, out-of-plan areas are not covered and regulated by town plans. However, according to existing legislation, these areas are not devoid of development rights and are not necessarily wild, natural, or agricultural land. See also Giannakourou, G. – Balla, E. (2006) "Planning regulation, property protection and regulatory takings in the Greek planning law", Global Studies Law Review, Vol. 5, Issue 3, σ. 535–558. Available at: http://law.wustl.edu/wugslr/issues/volume5_3/p535GiannakourouBalla.pdf (last accessed:30 November 2012)
15 Code of Urban and Regional Planning Law (Art 43).
16 L. 1337/1983 (Art 6).

of the private entity to follow, during the preparation procedure, the statutory technical standards established for Town Plan' drafting.

Interested parties (citizens or legal entities) have the right to lodge appeals against the content of the draft plan after the text and the maps have been displayed in the Town Hall[17]. The Municipal Council is forwarding all the appeals, along with its opinion on the plan, to the competent authority (the Ministry of Environment) which has the final word about the oppositions against the plan. The opinion of the Municipal Council is only consultative and not legally binding for the Minister. The latter has the right to adopt, amend or even reject the proposal of the Municipal Council on the draft plan. Additionally, he can proceed to the approval of the plan without a prior consultation with the interested Municipal Council if the latter has not given its opinion within a certain time period[18].

Table 2: The role of private entities in state-led land use planning

Type of Plan containing legally binding land uses	**Prepared by**	**Frequency**	**Control of planning powers**	**Public Participation**
General Urban Plan (GUP)	Civil Servants	rare	Yes	Yes. – Open houses, public hearings etc. and – Public consultation within the framework of the Strategic Environmental Impact Assessment.
	Private urban planning consultants	often	Yes. – The draft of a land use plan is under the administrative responsibility of the state. – Expression of a non-binding opinion of the local council is foreseen in the relevant legal framework	

17 Code of Urban and Regional Planning Law (Art 154 par.1).
18 ebd. (Art 154 par.3).

Type of Plan containing legally binding land uses	Prepared by	Frequency	Control of planning powers	Public Participation
Town Plan (TP)	Civil Servants	rare	Yes	– Yes. Every interested person can lodge appeal within a limited period after the text and the maps of the draft plan have been displayed in the Town Hall.
	Private urban planning consultants	often	Yes. – The draft of a TP is under the administrative responsibility of the state – Expression of a non-binding opinion of the local council is foreseen in the relevant legal framework	

3.1.3 Land use planning as a result of private developers' initiative

Greek planning law contains several 'zoning' mechanisms which allow a private entity to take the initiative for the urban development of an area either for residential, tourist, industrial or for other kind of purposes (see Table 3). In this case, private entities must obtain prior development consent from the relevant state authorities for: a) the designation of an area as residential, industrial, tourist or entrepreneurial zone and b) for the approval of the surface area, the boundaries, the content of the development and the overall land-uses as well. The relevant legal framework gives the opportunity to the regional councils to express their opinion in the process of the designation of these areas even though the consent of the local authorities is not necessary. On the contrary, if the regional council does not express its non-binding opinion within a certain time period, the process may continue without it.

After the issuance of the development consent, private developers must prepare a detailed land use plan ('town plan' study) which contains detailed land uses of the area under development, any additional prohibition or obligations, the infrastructure networks maps, the special building conditions *(building ratio, floor area etc)*, as well as the public and social community spaces. The preparation of this study must follow specific technical standards established by the Minister of the Environment for the drafting of town plans. The approval of the 'town plan study' falls under the state's responsibility and takes the form of a Presidential Decree in most of the cases.

Table 3: The role of private entities in private-led land use planning

Special 'zoning' mechanisms for the private development of an area	**Initiative for the designation of an area as a special zone appropriate for private development**	**Control of Planning Powers**	**Public Participation**
Specially regulated areas for private development *(PERPO, article 24 of Law 2508/1997)* Purpose of development: residential	By the private entity	Yes. The designation of a PERPO zone can take place: – in areas with defined land-uses from an approved, by the Ministry of the Environment, GUP as appropriate for residential private development – In areas appropriate for residential private development according to the approved, by the Ministry of the Environment, General Guidelines for PERPO in regional or sub-regional level	– Yes. In the framework of the Strategic Environmental Impact Assessment

Special 'zoning' mechanisms for the private development of an area	**Initiative for the designation of an area as a special zone appropriate for private development**	**Control of Planning Powers**	**Public Participation**
Integrated Tourism Development Areas *(POTA, article 29 of Law 2545/97)* Purpose of development: tourism By the private entity	By the private entity	– Yes. For the designation of an area as a POTA, the private entity should obtain prior development consent from the Ministries of Environment and Tourism approving the surface area, the boundaries and the content of the development and the overall land-uses as well. – Non binding opinion by the regional council prior to the delivery of the development consent	Yes. In the framework of the Strategic Environmental Impact Assessment
Integrated Development Areas for Productive Activities *(POAPD, article 10 of Law 2742/99)* Purpose of development: entrepreneurial activities, primary, secondary or tertiary sector	By the private entity	Yes. – For the designation of an area as a POAPD, the private entity should obtain prior development consent from the Ministry of Environment approving the surface area, the boundaries and the content of the development and the overall land-uses as well. – Non binding opinion by the regional council prior to the delivery of the development consent	Yes. In the framework of the Strategic Environmental Impact Assessment

Special 'zoning' mechanisms for the private development of an area	**Initiative for the designation of an area as a special zone appropriate for private development**	**Control of Planning Powers**	**Public Participation**
Entrepreneurial Parks *(Law 3982/2011)* Purpose of development: industrial, entrepreneurial, logistics, research centers, clusters of high technology etc.	By the private entity	Yes. – The designation of an Entrepreneurial Park can take place in areas appropriate for this kind of development according to the provisions of a) the national or sectoral spatial planning frameworks or b) the General Urban Plan – For the designation of an area as an Entrepreneurial Park, the private entity should obtain prior development consent from the Ministries of Development and Environment approving the surface area, the boundaries and the content of the development and the overall land-uses as well. – Non binding opinion by the regional council prior to the delivery of the development consent	Yes. In the framework of the simple Environmental Impact Assessment

3.2 Legislation concerning the outsourcing of planning and environmental services to private entities

Control and enforcement of public zoning and building regulations in Greece has been traditionally a task of public authorities, in particular at the local level. The same applied for the issuing, control and inspection of building permits.

However, things have changed recently with the vote of L. 4030/2011[19]. The new law provides for a clear separation of powers and functions between licensing authorities on the one hand and inspection authorities on the other hand. The licensing function is entrusted to the Building Services of Municipalities while the inspection function is delegated to independent certified private inspectors operating under the supervision of the Ministry of Environment.

Certified building inspectors are building practitioners, engineers or architects in particular, with sufficient education and work experience in construction works, which, after attending successfully special seminars on building controls and regulations and undergoing relative examinations, are enlisted in the Register of Building Inspectors. Among their powers is the control of all constructions for which a building permit has been issued so as to ensure that the technical studies according to which the permit has been granted are properly implemented and enforced. The status of a certified inspector is incompatible with the status of a government official or employee in the public sector.

The outsourcing of building inspections to private entities is not the only expression of the privatization of planning powers currently experienced in Greece. Apart from building inspections, private entities may also perform assessment tasks in the field of environmental licensing. In this respect, L. 4014/2011 (art 16) provides for the creation of a special Registry of Certified Assessors for the evaluation of Environmental Impact Studies. Certified Environmental Assessors (CEAs) are environmental practitioners with sufficient education and work experience in environmental assessments and controls who, after accreditation, may receive mandates from a government authority to undertake the evaluation of Environmental Impact

19 L. 4030/2011 (Arts 10–15), Government Gazette 249A/2011.

Studies concerned with the realization of public or private development projects. In this regard, CEAs are entitled, whenever requested by the responsible government authority, to proceed to a thorough examination of the environmental report submitted to public services, make any necessary contacts with authorities designated to be consulted on the environmental report and draft the environmental terms to be included in the environmental license.

3.3 Legislation concerning the private management of public spaces and entire urban areas

The management of public spaces and entire urban areas is broadly perceived in Greece as a public duty. Indeed, according to the Municipal Code[20], Municipalities are competent, among other things, for street cleaning and lighting, refuse collection, maintenance and management of water supply and sewerage networks, maintenance and management of municipal sports facilities, municipal parks and gardens, youth centers and municipal buildings in general.

In the areas where a town plan is being approved on the initiative of the state (*supra* section 2.2.), the costs and the responsibility for the maintenance and the management of public amenities are undertaken by the Municipalities. In areas where schemes of private land-development are being approved (*supra* section 2.3.), Greek planning legislation provides in some cases (as in the cases of tourist estates, commercial estates and other zones designated for productive activities[21]) that the private developers have to undertake the costs for the maintenance of the relevant public amenities (within the zone/area). However, even in these cases, the management of public spaces (eg. roads, squares, parks) created within the zones or areas of private development still falls within the responsibility of the local authorities.

A different, more radical, approach for the management of urban areas has been set out in recent planning legislation produced in view of the privatization process of public real property. So, according to L. 4062/2012

---

20 L. 3463/2006 on the ratification of Municipal Code (Art 75).
21 L. 2545/1997 (Art 29); L. 2742/1999 (Art 10).

which establishes the general legal framework for the development of the former Hellinikon International Airport, the private investor to be selected throughout the sale process will be charged both with designing and carrying out the site development process and with financing the infrastructure works and managing the urban areas to be created during the development. Indeed, according to Art. 3 par. 2 of the aforementioned law, the private investor is the only responsible to proceed to the execution of the area development works, after the approval of the urban plan. The maintenance, cleaning and renewal of the public technical equipment, as well as the maintenance of the infrastructure works and of the green spaces, is made at the expense and under the diligence and responsibility of the private developer, by way of derogation from any relevant provision.

The same model of land development and management applies for other public property assets offered for residential and tourist uses under the current privatization program. In particular, public properties proposed to be developed as holiday-tourist villages or entrepreneurial parks must be equipped with a special zoning plan prepared under the initiative and the expenses of the private investor and approved by the state through a joint ministerial decision[22]. The implementation of the plan falls within the exclusive initiative and responsibility of the main investor. In this respect, the maintenance, cleaning and renewal of the public technical equipment, as well as the maintenance of the infrastructure works, the traffic network and the green spaces is made at the expense and under the diligence and responsibility of the private developer, by way of derogation from any relevant provision[23]. The main investor, when transferring or granting property rights to third parties, may allocate proportionally, through contractual agreements, the cost for the construction and maintenance of shared equipment, infrastructure, traffic networks and green spaces to owners and lien-holders as well.

The aforementioned provisions reflect a new model for land development in Greece where the whole planning process (plan preparation, land and real estate development, construction of infrastructure and operation for the entire development as well) is undertaken, almost exclusively, by a

---

22 L. 3986/2011, as amended by L. 4092/2012 (Art 12, par. 7).
23 ebd.

private investor. The role of the state is limited in the approval of the plans and the delivery of consents and permissions required for the development of the area, while the developer bares the costs of the development, construction and management of the whole area. For the time being, this new model is applied only on the public properties to be exploited and developed by private entities within the framework of the country's current privatization program. It remains, however, to be seen whether this new approach may serve as a guide for other private-led urban developments in the future.

3.4 Conclusions

The privatization of planning powers and planning processes is gaining momentum currently in Greece due mainly to the country's financial and economic crisis, the increasing government downsizing and the rise of a more market-oriented planning strategy during last years. Under these factors, Greek spatial planning becomes more dependent on private sector resources and development initiatives. This explains the increasing involvement of private sector in both the preparation and the realization of land use plans and in the management of public spaces and entire urban areas as well.

The expansion of private sector in the area of urban planning includes private consulting firms and private developers as well. Private consultants, engineers in particular, have an important role in drafting various kinds of plans, while they are, in parallel, responsible for testing environmental impact studies and undertaking building inspections. Private developers, on their part, may proceed to plan preparation and land and real estate development of privately-owned properties/areas in accordance with the procedural and substantive rules provided in existing planning legislation. In certain cases, provided by law, they may even undertake the management of the entire development area, urban infrastructures and public spaces included.

Greek planning legislation is currently under reform. This reform aims, among other things, at reducing planning barriers for business development and creating more scope for private initiatives[24]. If these objectives are reached, planning reform will lead to a smaller role for public actors in planning making and implementation. Hence, an increased role for private entities in urban development and management would be foreseen.

24 Ministry of Development, Competitiveness and Shipping (2012), Promoting a Business Friendly Greece. Action Plan to support entrepreneurship and improve structural competitiveness. Available: http://www.mindev.gov.gr/wp-content/uploads/2012/03/12.03.05_bfg_actionplan_en.ppt (accessed: 30 November 2012).

Georgia Giannakourou und Evangelia Balla

3. Griechenland

Einleitung

In Griechenland wird Stadt- und Regionalplanung als eine Pflicht und Verantwortung des Staates angesehen.[1] Aufgrund der Finanz- und Wirtschaftskrise, von der Griechenland seit Anfang 2010 betroffen ist, und aufgrund des daraus resultierenden Sparkurses der Regierung beginnt sich nun, das ausgeglichene Verhältnis zwischen dem öffentlichen und privaten Sektor in Bezug auf die Mitwirkung an Planungsfunktionen und -prozessen zu wandeln. So wurden in jüngster Vergangenheit verschiedene Funktionen und Aufgabengebiete der Stadtplanung, die traditionell unter die Verantwortung des öffentlichen Dienstes und der Träger öffentlicher Belange fielen, privaten Rechtssubjekten übertragen. Das ambitionierte Privatisierungsprogramm, das im Jahr 2011[2] zum Abbau der öffentlichen Schuldenlast und zur

---

1 Gemäß Artikel 24(2) der griechischen Verfassung fallen Stadt- und Regionalplanung unter staatliche Gewalt und Aufsicht.

2 Bei dem derzeitigen griechischen Privatisierungsprogramm handelt es sich um das größte erklärte Desinvestitionsprogramm der Welt. Ziel des Programms ist es, internationale Kapitalströme anzuziehen. Dieses Kapital soll einen Beitrag zum Abbau der griechischen Staatverschuldung leisten, (Fach)wissen und Kapital in wichtige Bereiche der griechischen Wirtschaft fließen lassen und den wirtschaftlichen Wiederaufschwung des Landes unterstützen. Das Privatisierungsprogramm wurde im Juli 2011 gestartet und ist Teil der im Juni 2011 verabschiedeten mittelfristigen finanzpolitischen Strategie Griechenlands (Gesetz Nr. 3985/2011). Das Programm umfasst eine große Zahl von staatlichen Vermögenswerten, die in drei Hauptkategorien eingeteilt werden können: Immobilieneigentum, Unternehmensanteile und Rechte. Im Bereich des Immobilieneigentums betrifft das Privatisierungsprogramm mehr als 70.000 Immobilien des öffentlichen Sektors, die gegenwärtig von öffentlichen Immobiliengesellschaften und verschiedenen Ministerien verwaltet werden. Es wird angestrebt, mit dem Immobilienentwicklungs- und Veräußerungsprogramms einen Erlös von 25 Mia. Euro zu erzielen. Der Privatisierungsprozess für Immobilien des öffentlichen Sektors wird im Gesetz Nr. 3986/2011 beschrieben. Dieses Gesetz sieht institutionelle Alternativen zur traditionellen Bauleitplanung vor, vor allem indem ein besonderes sowohl materiellrechtliches als auch

Unterstützung des wirtschaftlichen Wiederaufschwungs eingeleitet wurde, unterstreicht das Bedürfnis nach einem stärkeren Engagement des Privatsektors auch bei der Grundstückserschließung und bei Planungsprozessen.

Gleichzeitig wurden mehrere Initiativen für eine stärker marktorientierte Planung in Gang gesetzt. Der traditionellen Bauleitplanung wurde vorgeworfen, durch exzessive Regulierung, Verzögerungen und Unsicherheit erhebliche Hindernisse für (Unternehmens)gründungen und Investitionen zu schaffen.[3] So urteilt die OECD tatsächlich, dass *„eine Zunahme der Investitionen [in Griechenland] auch davon abhängt, ob Raumordnungsprobleme von Unternehmen in der Gründungsphase durch die Schaffung von klaren und adäquaten Regeln für Raumplanung angegangen werden."*[4]

Unter diesen Randbedingungen ist die Rolle der Raumplanung in Griechenland einem raschen Wandel unterworfen. Anstatt nur private Erschließungsvorhaben zu regulieren und zu kontrollieren, ist die Planung allgemein aufgefordert, Marktinteressen und private Initiativen zu ermöglichen und zu unterstützen. Die scheinbar größte Herausforderung für die Zukunft wird es sein, den Wechsel von einer reaktiven und defensiven hin zu einer proaktiven und fördernden Planungskultur zu vollziehen.

Die Bemühungen um ein flexibleres und konstruktiveres Planungssystem harmonieren mit dem Streben nach einem größeren Engagement privater Rechtssubjekte bei der Erstellung von Entwicklungsplänen sowie deren Umsetzung. Obwohl Stadtplanung im Wesentlichen immer noch eine

---

verfahrensrechtliches Planungsregime für die Entwicklung und die Übertragung von öffentlichem Land an private Investoren etabliert wird. Mehr Informationen erhalten Sie unter: http://www.hradf.com/en.

3 Vgl. Griechischer Unternehmensverband (2010), „Entrepreneurship without obstacles" (Unternehmertum ohne Hindernisse), November 2010, S. 14. Abrufbar unter: http://www.sev.org.gr/Uploads/pdf/30embodia_big_2_12_2010.pdf (letzter Zugriff: 30. November 2012); G. Giannakourou (2010), "Investment land-planning in Greece: problems and solutions" (Raumplanung im Investitionsbereich Griechenlands: Probleme und Lösungen) in: Griechische Stiftung für Industrie- und Wirtschaftsforschung (IOBE), The Greek economy (Die griechische Wirtschaft), 4/2010, S. 103–110. Abrufbar unter: http://www.iobe.gr/media/engoik/IOBE_Eng_econ_04_10.pdf (letzter Zugriff: 30. November 2012).

4 Vgl. OECD (2011) Economic Surveys: Greece 2011 (Wirtschaftsberichte: Griechenland 2011), OECD Publishing, S. 135.

Domäne des Staates ist, deutet die aktuelle Entwicklung der griechischen Planungsgesetzgebung auf einen Trend zu einer gewissen Privatisierung von Planungsaufgaben hin. Bemerkenswert erscheint unter anderem das verstärkte Engagement privater Bauträger bei der Erstellung und Umsetzung von Bauleitplänen, die Auslagerung von planungsrechtlichen Evaluierungen und Kontrollen an private Fachplaner und Experten und schließlich die Bewirtschaftung von öffentlichen Räumen und ganzen städtischen Bereichen durch private Rechtssubjekte. Diese Formen der Privatisierung in Griechenland sollen im Folgenden diskutiert werden.

3.1 Rechtsvorschriften in Bezug auf die Initiative und den Entwurf von Bauleitplänen

3.1.1 Kurzdarstellung des griechischen Raumplanungssystems

Um besser zu verstehen, warum private Rechtssubjekte in Griechenland an der Erstellung von Flächennutzungsplänen beteiligt sind, soll das griechische Planungssystem im Folgenden kurz erläutert werden.

Gemäß der griechischen Verfassung (Verabschiedung: 1975, Überarbeitung: 1986, 2001 und 2008) fällt Raumplanung unter die ordnungspolitische Verantwortung und die Kontrolle des Staates. Ziel dieser Regelung ist es, die Funktionalität und die Entwicklung von Siedlungen zu fördern und bestmögliche Lebensbedingungen zu sichern (Artikel 24, Abs. 2). Die Verfassung enthält Vorschriften in Bezug auf die Landerschließung in städtischen Gebieten, den von Grundstückseigentümern zur Sicherung von Land für soziale und gesellschaftliche Einrichtungen zu leistenden Beitrag, Grunderwerb, sozialen Wohnungsbau und die Bewirtschaftung der natürlichen Umwelt.[5]

In Griechenland lag die Stadt- und Regionalplanung lange Zeit in der alleinigen Verantwortung des Zentralstaates. In den 80er und 90er Jahren und vor allem nach der Verwaltungsreform im Jahr 2010 („Kallikratis-Programm“)[6] wurden den regionalen Verwaltungen und kommunalen

---

5 Vgl. Kommission der Europäischen Gemeinschaften (1999), Kompendium der Raumplanungssysteme und -politiken in der europäischen Union. Griechenland, Luxemburg: EG-Kommission, S. 22.

6 Gesetz Nr. 3852/2010.

Behörden mehr Befugnisse und größere Planungsverantwortung übertragen. Dies geschah durch einen Dezentralisierungsprozess, der aufgrund von verfassungsrechtlichen Einschränkungen in seinem Ausmaß begrenzt blieb. Gegenwärtig fällt die Erstellung und Genehmigung aller städtischen Rahmenpläne, ordnungsrechtlichen kommunalen Bebauungspläne, Wohnungsbauprogramme und Umweltschutzprogramme in die Kompetenz des Zentralstaates (Ministerium für Umwelt, Energie und Klimawandel), die 13 Regionen des Landes (Gebietskörperschaften der 2. Ebene) und die 323 Gemeinden (Gebietskörperschaften der 1. Ebene) haben hingegen begrenzte Planungsbefugnisse. Ihre Verantwortlichkeit bezieht sich vor allem auf die Anregung von Bauleitplänen, die Umsetzung der Pläne und die Erteilung von Baugenehmigungen.

Planung findet in Griechenland auf drei Ebenen statt, nämlich auf nationaler, regionaler und kommunaler Ebene. Jede Planungsebene verfügt allgemein gesprochen über bestimmte Arten von Plänen: strategische Pläne und Rahmenpläne vor allem auf nationaler und regionaler Ebene und ordnungsrechtliche kommunale Bebauungspläne und Zonen auf kommunaler Ebene. Gemäß geltendem Recht sind die unterschiedlichen Planungsebenen/Planungsformen hierarchisch strukturiert, wobei die Entscheidungen der höheren Ebene für die darunter liegenden Ebenen verbindlich sind. In Tabelle 1 sind die Hauptplanungsinstrumente für jede Planungsebene dargestellt.

Tabelle 1: Vereinfachte Darstellung der Struktur des griechischen Planungssystems

Ebene	**Pläne**
Nationale Ebene	Nationales Regelwerk für Raumplanung
	Besonderes/sektorenspezifisches Regelwerk für Raumplanung
Regionale Ebene	Regionales Regelwerk für Planung oder regionale Pläne
Kommunale Ebene	Allgemeine Kommunale Bebauungspläne (GUPs)
	Kommunale Bebauungspläne
	Umsetzung des kommunalen Bebauungsplans

Raumordnungspläne der nationalen oder regionalen Ebene entfalten keine rechtsverbindliche Wirkung für den Bürger. Die Flächennutzungen, die in Plänen der kommunalen Ebene angegeben werden, sind hingegen rechtlich bindend. Selbst wenn die Bauleitplanung durch ein privates Rechtssubjekt initiiert wird, verbleibt doch der gesamte Prozess in der Verantwortung des Staates. Ein detaillierter Bauleitplan muss immer den in der Rahmenplanung der übergeordneten Ebene aufgeführten Vorschriften entsprechen und er kann vom Staat genehmigt oder abgelehnt werden. Darüber hinaus muss der Bauleitplan die vom Staat festgelegten technischen Bestimmungen erfüllen.

Die Beteiligung eines privaten Rechtssubjektes an der Erstellung eines Bauleitplans kann im Rahmen „staatlicher Planung" oder durch die Initiative des privaten Rechtssubjektes zur Erschließung eines Gebietes zustande kommen.

3.1.2. Bauleitplanung als Folge einer staatlichen Initiative

Allgemeine Kommunale Bebauungspläne

In Allgemeinen Kommunalen Bebauungsplänen („General Urban Plan", GUP) sind die allgemeinen Richtlinien für die Erschließung eines Gebietes festgehalten. Sie gelten für den gesamten Raum innerhalb der Grenzen einer Gemeinde. Diese Pläne legen die Flächennutzungen und die durchschnittlichen Geschossflächenzahlen für eine zukünftige Landerschließung, allgemeine Normen für Grünanlagen und einfache benötigte Infrastruktur fest. In Allgemeinen Kommunalen Bebauungsplänen sind außerdem besondere Erschließungsgebiete im Geltungsbereich ausgewiesen, in denen eine Erschließung als Wohn-, Tourismus-, Industrie- oder Gewerbegebiet oder zu einer anderen Nutzung stattfinden kann. Die Initiative für diese Bebauung kann entweder von einer Behörde oder einem privaten Bauträger ausgehen.

Die Aufgabe, den Entwurf eines Allgemeinen Kommunalen Bebauungsplans zu initiieren, fällt in die Verantwortung der entsprechenden Gemeinde oder des Ministeriums für Umwelt, Energie und Klimawandel.[7]

7 Gesetz Nr. 1337/83 (Art. 3); Baugesetzbuch über grundlegende städtische und regionale Planung (Code of Basic Urban & Regional Planning Law, Art. 83).

Allgemeine Kommunale Bebauungspläne müssen vom Generalsekretär der Dezentralen Verwaltung, welcher von der Regierung ernannt wird, oder (im Falle der Großstadtgebiete Athen und Thessaloniki) vom Umweltminister ratifiziert werden.

Allgemeine Kommunale Bebauungspläne werden zumeist von privaten Planungssachverständigen ausgearbeitet.[8] Die Erstellung durch Mitarbeiter der Behörden („hausintern“) ist ebenfalls möglich. Heutzutage macht aber nur eine kleine Minderheit von Gemeinden und staatlichen Stellen von dieser Möglichkeit Gebrauch. Den Gemeinden fehlt meist das für die Erstellung von Bauleitplanentwürfen qualifizierte Personal.[9] In beiden Fällen gilt es, präzise technische Bestimmungen[10] beim Entwurf der Pläne zu beachten.

Unabhängig davon, für welche der beiden Varianten man sich entscheidet, wird der Prozess (des Entwurfs und) der Verabschiedung eines Bauleitplans durch die Beteiligung des Gemeinderates an der Erstellung des Plans demokratisch legitimiert. Der Gemeinderat ist berechtigt, über den Inhalt des Planentwurfs zu entscheiden, diesen anzunehmen, abzuändern oder diesen gar zu verwerfen.[11] Es muss jedoch darauf hingewiesen werden, dass die Amtsperson, die für die Genehmigung des Planes zuständig ist (Generalsekretär der Dezentralen Verwaltung oder der Minister), rechtlich nicht an die Entscheidung des Gemeinderates gebunden ist.

Gemäß geltendem Recht können auch Bürger oder Organisationen an der Erstellung von Allgemeinen Kommunalen Bebauungsplänen beteiligt

---

8 Die gesetzlichen Rahmenbedingungen dafür, dass eine kommunale Behörde den Entwurf eines Bauleitplans an ein privates Planungsbüro delegieren kann, werden im Gesetz über das öffentliche Vergabewesen (Public Procurements Law) Nr. 3316/2005 beschrieben. Letzteres wurde in Übereinstimmung mit der Richtlinie 2004/18/EG entworfen und verabschiedet.

9 Aufgrund des drastischen Personalabbaus im öffentlichen Sektor leiden die zuständigen Behörden unter einem Mangel an qualifizierten Mitarbeitern. Die wenigen verbleibenden Beamten in den zentralen, regionalen und kommunalen Behörden müssen sich zumeist um Verwaltungsaufgaben (Kontrolle, Lektorat usw.) kümmern. Wesentliche Planungsaufgaben (wie z.B. der Entwurf von Plänen) werden hingegen an externe, private Fachplaner vergeben.

10 Ministerentscheidung Nr. 9572/1845/2000 (griechisches Gesetzblatt 209D/2000).

11 Gesetz Nr. 1337/83 (Art. 3, Abs. 2, 3).

sein. Die Öffentlichkeit muss vor Genehmigung der Pläne beteiligt werden. Dies kann in Form von Tagen der offenen Tür, öffentlichen Anhörungen oder vergleichbaren Aktivitäten geschehen. Auf diese Weise kann sichergestellt werden, dass die Bürger ihre Meinung zum Entwurf des Allgemeinen Kommunalen Bebauungsplans äußern[12]. Die Beteiligung der Öffentlichkeit und der Interessengruppen („Stakeholders“) kann auch im Rahmen der Strategischen Umweltprüfung,[13] die mit der Genehmigung des Allgemeinen Kommunalen Bebauungsplans einhergeht, geschehen. Schließlich können natürliche oder juristische Personen, denen materieller oder immaterieller Schaden aus dieser Maßnahme entstanden ist, vor dem Staatsrat (Oberstes Verwaltungsgericht) gegen den Inhalt des Plans und/oder den Ablauf der Planerstellung Klage erheben.

Kommunale Bebauungspläne

Die Bezeichnung „kommunaler Bebauungsplan“ („Town Plan“) ist ein Oberbegriff für eine Vielzahl von Flächennutzungsplänen auf kommunaler Ebene. Der kommunale Bebauungsplan wird auf Gebiete im „Planbereich“[14] angewandt. In diesen Plänen werden Straßenverläufe, Gebäudefluchten und Festlegungen zur Flächennutzung getroffen und sie

---

12 ebd. (Art. 3, Abs. 2).

13 Artikel 7, Abs. 4.2 des Ministerialerlasses Nr. 107017/2006 (griechisches Gesetzblatt 1225B/2006).

14 Der Unterschied zwischen Gebieten im Planbereich und außerhalb des Planbereiches ist im griechischen Planungsrecht von großer Bedeutung. Die Gebiete im Planbereich werden von den ordnungsrechtlichen, kommunalen Bebauungsplänen abgedeckt. Die Gebiete außerhalb des Planbereiches werden von keinem kommunalen Bebauungsplan abgedeckt oder reglementiert. Gemäß geltendem Recht sind diese Gebiete jedoch nicht von Erschließungsrechten ausgenommen. Auch handelt es sich nicht zwangsläufig um wildes Land oder natürliche bzw. landwirtschaftlich genutzte Flächen. Siehe auch G. Giannakourou, E. Balla (2006) “Planning regulation, property protection and regulatory takings in the Greek planning law” („Baurecht, Schutz von Grundeigentum und staatliche Enteignung im griechischen Planungsrecht“), Global Studies Law Review, Band 5, Ausgabe 3, S. 535–558. Abrufbar unter: http://law.wustl.edu/wugslr/issues/volume5_3/p535GiannakourouBalla.pdf (letzter Zugriff: 30. November 2012).

werden von einer sogenannten „Bauverordnung" (building ordinance)[15] begleitet. Der kommunale Bebauungsplan zielt unter anderem darauf ab, Flächennutzungen in Übereinstimmung mit den standardmäßigen Flächennutzungskategorien, privates Bauerwartungsland und Flächen für Gemeinbedarf festzulegen.

Wie im Fall des Allgemeinen Kommunalen Bebauungsplans fällt es in die Verantwortung der entsprechenden Gemeinde oder des Ministeriums für Umwelt, Energie und Klimawandel, den Entwurf eines kommunalen Bebauungsplans zu initiieren.[16] Auch in diesem Fall besteht die Möglichkeit, den Entwurf eines kommunalen Bebauungsplans an ein privates Rechtssubjekt (Planungssachverständiger oder Planungsbüro) zu delegieren. Hierbei ist das private Rechtssubjekt zur Einhaltung der für kommunale Bebauungspläne laut Gesetz geltenden technischen Normen während des Entwurfsverfahrens zu verpflichten.

Nach Aushang des Textes und der ausgedruckten Pläne im Rathaus können interessierte Parteien (Bürger oder juristische Personen) gegen den Inhalt des Planentwurfs Beschwerde einlegen.[17] Der Gemeinderat leitet alle Beschwerden einschließlich seiner eigenen Stellungnahme zum Plan an die zuständige Behörde (Umweltministerium) weiter. Das Ministerium befindet abschließend über die Einwände gegen den Plan. Die Stellungnahme des Gemeinderates hat nur konsultativen Charakter und der Minister ist rechtlich nicht an sie gebunden. Der Minister ist berechtigt, den Vorschlag des Gemeinderates zum Planentwurf anzunehmen, zu ändern oder sogar abzulehnen. Falls der Gemeinderat seine Stellungnahme nicht innerhalb einer bestimmten Frist abgegeben hat, kann der Minister außerdem ohne eine vorherige Beteiligung des betroffenen Gemeinderats zur Genehmigung des Plans schreiten.[18]

---

15 Baugesetzbuch über städtische und regionale Planung (Code of Urban and Regional Planning Law, Art. 43).

16 Gesetz Nr. 1337/1983 (Art. 6).

17 Baugesetzbuch über städtische und regionale Planung (Code of Urban and Regional Planning Law, Art. 154, Abs. 1).

18 ebd. (Art. 154, Abs. 3).

Tabelle 2: Die Rolle von privaten Rechtssubjekten bei einer staatlich geführten Bauleitplanung

Art des Plans mit rechtsverbindlichen Flächennutzungen	**Aufgestellt durch**	**Häufigkeit**	**Planungshoheit der Behörden**	**Öffentlichkeitsbeteiligung**
Allgemeiner Kommunaler Bebauungsplan (GUP)	Beamte Private Planungssachverständige	selten oft	Ja Ja. – Der Entwurf des Bauleitplans liegt in der administrativen Verantwortung des Staates. – Die Abgabe einer unverbindlichen Stellungnahme des Gemeinderates ist im entsprechenden gesetzlichen Regelwerk vorgesehen.	Ja. – Tage der offenen Tür, öffentliche Anhörungen usw., sowie – Beteiligung der Öffentlichkeit im Rahmen der Umweltverträglichkeitsprüfung (UVP).
Kommunaler Bebauungsplan („Town Plan")	Beamte Private Planungssachverständige	selten oft	Ja Ja. –Der Entwurf eines kommunalen Bebauungsplans liegt in der administrativen Verantwortung des Staates. – Die Abgabe einer unverbindlichen Stellungnahme des Gemeinderates ist im entsprechenden gesetzlichen Regelwerk vorgesehen.	– Ja. Jede interessierte Person kann innerhalb einer bestimmten Frist nach Aushang des Textes und der Pläne des Planentwurfs im Rathaus Beschwerde einlegen.

3.1.3 Bauleitplanung als Folge von Initiativen privater Bauträger

Das griechische Planungsrecht kennt mehrere Mechanismen der Flächennutzung, die es einem privaten Rechtssubjekt erlauben, die Initiative für die Erschließung einer Fläche als Wohn-, Tourismus- oder Industriegebiet oder zu einer anderen Nutzung (siehe Tabelle 3) zu ergreifen. In diesem Fall muss das private Rechtssubjekt die vorherige Zustimmung der betroffenen staatlichen Behörden zur Erschließung wie folgt einholen: a) die Ausweisung einer Fläche als Wohn-, Industrie-, Tourismus- oder Gewerbegebiet und b) Genehmigung der Flächenausdehnung, Grenzen, des Inhaltes der Erschließung und der Flächennutzungen insgesamt. Obwohl die Zustimmung der kommunalen Behörden nicht notwendig ist, ermöglicht das entsprechende gesetzliche Regelwerk es den Regionalräten, während des Verfahrens zur Ausweisung der Gebiete eine Stellungnahme abzugeben. Wenn hingegen der Regionalrat seine unverbindliche Stellungnahme nicht innerhalb einer bestimmten Frist abgibt, so kann das Verfahren ohne eine solche vorgesetzt werden.

Nachdem die Genehmigung zur Erschließung erteilt worden ist, muss der private Bauträger einen detaillierten Bauleitplan (Studie eines „kommunalen Bebauungsplans“) mit folgenden Angaben erstellen: detaillierte Flächennutzungen des zu erschließenden Gebietes, sämtliche zusätzlichen Verbote und Pflichten, die Leitungs- und Erschließungspläne, die besonderen baulichen Gegebenheiten *(Geschossflächenzahl, Nutzfläche usw.)*, sowie die öffentlichen und gemeinschaftlich genutzten Räume. Bei der Erstellung dieser Studie müssen die besonderen technischen Normen eingehalten werden, die der Umweltminister für den Entwurf von kommunalen Bebauungsplänen festgelegt hat. Die Genehmigung der „Studie eines kommunalen Bebauungsplans“ fällt in die Verantwortung des Staates und wird in den meisten Fällen in Form eines Erlasses des Präsidenten erteilt.

Tabelle 3: Die Rolle von privaten Rechtssubjekten bei einer Bauleitplanung unter privater Führung

Besondere Mechanismen der Flächennutzung für die private Erschließung eines Gebietes	**Initiative für die Ausweisung eines Gebietes als besonderes, für die private Erschließung geeignetes Gebiet**	**Planungshoheit der Behörden**	**Öffentlichkeitsbeteiligung**
Besonders reglementierte Gebiete für private Erschließung *(PERPO, Artikel 24 des Gesetzes Nr. 2508/1997)* Zweck der Erschließung: Wohngebäude	durch das private Rechtssubjekt	Ja. Die Ausweisung als PERPO-Gebiet kann vorgenommen werden: – in Gebieten, die in einem vom Umweltministerium genehmigten GUP als für die private Erschließung mit wohnbaulicher Nutzung geeignet ausgewiesen wurden – In Gebieten, die in vom Umweltministerium genehmigten allgemeinen Richtlinien für PERPO-Zonen auf regionaler oder subregionaler Ebene, als für die private Erschließung mit wohnbaulicher Nutzung geeignet ausgewiesen wurden	– Ja. Im Rahmen der Umweltverträglichkeitsprüfung
Integriertes Erschließungsgebiet für Tourismus *(POTA, Artikel 29 des Gesetzes Nr. 2545/97)* Zweck der Erschließung: Tourismus	durch das private Rechtssubjekt	– Ja. Für die Ausweisung eines Gebietes als POTA-Gebiet sollte das private Rechtssubjekt das vorherige Einverständnis zur Erschließung von den Ministerien für Umwelt und für Tourismus einholen, wobei hierbei auch die Flächenausdehnung, die Grenzen, der Inhalt der Erschließung und die Flächennutzungen insgesamt genehmigt werden müssen.	Ja. Im Rahmen der Umweltverträglichkeitsprüfung

Besondere Mechanismen der Flächennutzung für die private Erschließung eines Gebietes	**Initiative für die Ausweisung eines Gebietes als besonderes, für die private Erschließung geeignetes Gebiet**	**Planungshoheit der Behörden**	**Öffentlichkeitsbeteiligung**
		– Unverbindliche Stellungnahme des Regionalrates vor Erteilung der Genehmigung zur Erschließung	
Integriertes Erschließungsgebiet für produktive Tätigkeiten *(POAPD, Artikel 10 des Gesetzes Nr. 2742/99)* Zweck der Erschließung: Unternehmertätigkeit, primärer, sekundärer oder tertiärer Sektor	durch das private Rechtssubjekt	Ja. – Für die Ausweisung eines Gebietes als POAPD-Gebiet sollte das private Rechts-subjekt das vorherige Einverständnis zur Erschließung vom Umweltministerium einholen, wobei hierbei auch die Flächenausdehnung, die Grenzen, der Inhalt der Erschließung und die Flächennutzungen insgesamt genehmigt werden müssen. – Unverbindliche Stellungnahme des Regionalrates vor Erteilung der Genehmigung zur Erschließung	Ja. Im Rahmen der Umweltverträglichkeitsprüfung
Gewerbeparks *(Gesetz Nr. 3982/2011)* Zweck der Erschließung: Industrie, Gewerbe, Logistik, Forschungszentren, sog.	durch das private Rechtssubjekt	Ja. – Die Ausweisung als Gewerbepark kann in Gebieten vorgenommen werden, die für diese Art der Erschließung gemäß den Vorschriften a) eines nationalen oder sektoralen Raumplanungsregelwerks oder b) eines Allgemeinen	Ja. Im Rahmen der einfachen Umweltverträglichkeitsprüfung

Besondere Mechanismen der Flächennutzung für die private Erschließung eines Gebietes	**Initiative für die Ausweisung eines Gebietes als besonderes, für die private Erschließung geeignetes Gebiet**	**Planungshoheit der Behörden**	**Öffentlichkeitsbeteiligung**
Hochtechnologie- Cluster usw.		Kommunalen Bebauungsplans geeignet sind. – Für die Ausweisung eines Gebietes als Gewerbepark sollte das private Rechtssubjekt das vorherige Einverständnis zur Erschließung von den Ministerien für Entwicklung und für Umwelt einholen, wobei hierbei auch die Flächenausdehnung, die Grenzen, der Inhalt der Erschließung und die Flächennutzungen insgesamt genehmigt werden müssen. – Unverbindliche Stellungnahme des Regionalrates vor Erteilung der Genehmigung zur Erschließung	

3.2 Rechtsvorschriften in Bezug auf die Auslagerung von Planungs- und Umweltdienstleistungen an private Rechtssubjekte

Die Überwachung und Durchsetzung von Bestimmungen bezüglich öffentlicher Flächennutzungsplanung sowie Bauvorschriften ist in Griechenland besonders auf kommunaler Ebene traditionell Aufgabe der Behörden. Das Gleiche gilt für die Vergabe, Überwachung und Prüfung von Baugenehmigungen.

Mit der Verabschiedung des Gesetzes Nr. 4030/2011 weht nun ein anderer Wind.[19] Das neue Gesetz sieht nun eine klare Kompetenz- und Funktionsaufteilung zwischen den Genehmigungsbehörden einerseits und den Prüforganen andererseits vor. Die Bauämter der Gemeinden werden mit der Genehmigungsfunktion betraut. Die Prüffunktion wird hingegen an unabhängige, zertifizierte, private Inspektoren, die unter der Aufsicht des Umweltministeriums arbeiten, delegiert.

Als zertifizierte Bauinspektoren können Baufachleute, Ingenieure und insbesondere Architekten, die über hinreichende Ausbildung und Arbeitserfahrung im Baubereich verfügen, tätig werden. Diese müssen spezielle Seminare zu Bauaufsicht und -vorschriften erfolgreich besuchen und entsprechende Prüfungen ablegen, bevor sie in das Verzeichnis der Bauinspektoren aufgenommen werden. Die Bauinspektoren sind unter anderem berechtigt, alle Bauwerke, für die eine Baugenehmigung erteilt wurde, zu kontrollieren. Auf diese Weise soll sichergestellt werden, dass die technischen Untersuchungen, auf deren Grundlage die Genehmigung erteilt wurde, ordnungsgemäß durchgeführt und vollzogen werden. Der Status eines zertifizierten Inspektors ist nicht mit dem Status eines staatlichen Beamten oder Angestellten im öffentlichen Dienst vereinbar.

Die Auslagerung der Bauinspektion an private Rechtssubjekte ist nicht das einzige Beispiel für die gegenwärtig in Griechenland zu beobachtende Tendenz zur Privatisierung von Planungsbefugnissen. Abgesehen von Bauinspektionen können private Rechtssubjekte auch Evaluierungsaufgaben im Bereich der Umweltgenehmigungen erfüllen. In diesem Zusammenhang sieht das Gesetz Nr. 4014/2011 (Art. 16) die Schaffung eines besonderen Verzeichnisses von zertifizierten Sachverständigen für die Evaluierung von Umweltverträglichkeitsstudien vor. Als zertifizierte Umweltgutachter können Umweltexperten, die über hinreichende Ausbildung und Arbeitserfahrung im Bereich Umweltprüfungen und -kontrollen verfügen, tätig werden. Nach einer entsprechenden Akkreditierung können sie von einer Regierungsbehörde Aufträge zur Evaluierung von Umweltverträglichkeitsstudien, die die Umsetzung von öffentlichen oder privaten Erschließungsprojekten betreffen, erhalten. In dieser Hinsicht sind zertifizierte

---

19 Gesetz Nr. 4030/2011 (Artikel 10–15), griechisches Gesetzblatt 249A/2011.

Umweltgutachter im Falle einer Anfrage der zuständigen Regierungsbehörde berechtigt, den der Behörde vorgelegten Umweltbericht eingehend zu prüfen, falls nötig, Kontakt mit den für den Bericht festgelegten Behörden aufzunehmen und die Umweltschutzauflagen, die in die Umweltgenehmigung aufgenommen werden sollen, zu skizzieren.

3.3 Rechtsvorschriften in Bezug auf die Bewirtschaftung von öffentlichen Räumen und ganzen städtischen Bereichen durch private Rechtssubjekte

Die Bewirtschaftung von öffentlichen Räumen und ganzen städtischen Bereichen wird in Griechenland allgemein als die Pflicht des Staates angesehen. So sind die Gemeinden gemäß der Gemeindeordnung (Municipal Code)[20] unter anderem zuständig für Straßenreinigung und -beleuchtung, Abfallentsorgung, Wartung und Bewirtschaftung des Wasserversorgungs- und Entwässerungsnetzes, Wartung und Bewirtschaftung der kommunalen Sportanlagen, Parks und Gärten, der Jugendzentren und kommunalen Gebäude allgemein.

In den Gebieten, für die ein kommunaler Bebauungsplan auf Initiative des Staates genehmigt wurde (*siehe* Abschnitt 2.2.), übernehmen die Gemeinden die Kosten und die Verantwortung für die Wartung und Verwaltung der öffentlichen Anlagen. In Gebieten, für die Projekte der privaten Landerschließung genehmigt wurden (*siehe* Abschnitt 2.3.), sieht das griechische Planungsrecht in einigen Fällen (wie z.B. bei Ferienanlagen, Gewerbegebieten und anderen Bereichen, die für produktive Tätigkeiten ausgewiesen wurden)[21] vor, dass die privaten Bauträger die Kosten für die Wartung der entsprechenden öffentlichen Anlagen (in dem Bereich / Gebiet) übernehmen müssen. Auch in diesen Fällen liegt jedoch die Bewirtschaftung der öffentlichen Räume (z.B. Straßen, Plätze, Parks), die in den privat erschlossenen Bereichen oder Gebieten entstanden sind, in der Verantwortung der kommunalen Behörden.

---

20 Gesetz Nr. 3463/2006 über die Ratifizierung der Gemeindeordnung (Municipal Code, Art. 75).

21 Gesetz Nr. 2545/1997 (Art. 29); Gesetz Nr. 2742/1999 (Art. 10).

In Hinblick auf die Privatisierung von Staatsimmobilien wird in der aktuelleren Planungsgesetzgebung ein anderes, radikaleres Konzept zur Bewirtschaftung von städtischen Bereichen dargelegt. Gemäß Gesetz Nr. 4062/2012, welches den allgemeinen gesetzlichen Rahmen für die Entwicklung des ehemaligen Flughafens Athen-Ellinikon aufstellt, wird der zukünftige private Investor sowohl mit dem Entwurf und der Durchführung der Baulanderschließung als auch mit der Finanzierung der Infrastrukturarbeiten und Bewirtschaftung der neu zu schaffenden städtischen Bereiche beauftragt. Der private Investor ist gemäß Art. 3, Abs. 2 des oben genannten Gesetzes nach Genehmigung des Bebauungsplans für die Ausführung der Arbeiten zur Gebietsentwicklung allein verantwortlich. In Abweichung von sämtlichen einschlägigen Vorschriften erfolgt die Wartung, Reinigung und Erneuerung der öffentlichen technischen Einrichtungen sowie die Wartung der Infrastruktureinrichtungen und der Grünanlagen auf Kosten sowie unter der Sorgfaltspflicht und Verantwortung des privaten Bauträgers.

Das gleiche Modell der Landerschließung und -bewirtschaftung wird auch auf andere Staatsimmobilien angewendet, die im Rahmen des Privatisierungsprogramms zur wohnungsbaulichen und touristischen Nutzung angeboten werden. Insbesondere muss bei staatlichen Grundstücken, die für eine Erschließung als Feriendorf oder Gewerbepark vorgeschlagen werden, ein besonderer Flächennutzungsplan vorliegen, der auf Initiative und Kosten des privaten Investors erstellt und vom Staat mit einem gemeinsamen Ministerialerlass genehmigt werden muss.[22] Die Umsetzung des Plans ist allein vom Hauptinvestor zu initiieren und zu verantworten. In Abweichung von sämtlichen einschlägigen Vorschriften erfolgt in diesem Zusammenhang die Wartung, Reinigung und Erneuerung der öffentlichen technischen Einrichtungen, sowie die Wartung der Infrastruktureinrichtungen, des Verkehrsnetzes und der Grünanlagen auf Kosten sowie unter der Sorgfaltspflicht und Verantwortung des privaten Bauträgers.[23] Wenn der Hauptinvestor Eigentumsrechte an Dritte überträgt oder ihnen diese verleiht, kann er durch vertragliche Vereinbarung die Kosten für den Bau

22 Gesetz Nr. 3986/2011, geändert durch Gesetz Nr. 4092/2012 (Art.12, Abs. 7).
23 ebd.

und die Wartung von gemeinsam genutzter Ausstattung, Infrastruktureinrichtungen, Verkehrsnetzen und Grünanlagen auf die Besitzer und Pfandgläubiger anteilsmäßig umlegen.

Die obengenannnten Vorschriften spiegeln ein neues Modell der Landerschließung in Griechenland wider, bei dem der gesamte Planungsprozess (Erstellung des Plans, Land- und Immobilienentwicklung, Bau der Infrastruktur sowie deren Betrieb während der gesamten Erschließung) fast ausschließlich vom privaten Investor übernommen wird. Die Rolle des Staates wird auf die Genehmigung der Pläne und die Erteilung des Einverständnisses und der Genehmigungen, welche für die Erschließung des Gebietes benötigt werden, begrenzt. Der Entwickler trägt hingegen die Erschließungs-, Bau- und Bewirtschaftungskosten für das gesamte Gebiet. Momentan wird dieses neue Modell nur bei öffentlichen Grundstücken angewandt, die von privaten Rechtssubjekten im Rahmen des gegenwärtigen Privatisierungsprogramms des Landes genutzt und entwickelt werden sollen. Es muss sich jedoch erst herausstellen, ob dieser neue Ansatz als Richtschnur für andere privat geführte Erschließungsvorhaben in der Zukunft dienen kann.

3.4 Schlussfolgerungen

Die Privatisierung von Planungsbefugnissen und -verfahren gewinnt in Griechenland gegenwärtig an Schwungkraft. Gründe hierfür sind die griechische Finanz- und Wirtschaftskrise, ein starker Personalabbau im öffentlichen Sektor und das Aufkommen einer stärker marktorientierten Planungsstrategie während der letzten Jahre. Angesichts dieser Faktoren wird die Raumplanung in Griechenland immer abhängiger von Ressourcen und Initiativen des Privatsektors. Dies erklärt die zunehmende Beteiligung des Privatsektors an der Erstellung und Umsetzung von Bauleitplänen sowie an der Bewirtschaftung von öffentlichen Räumen und ganzen städtischen Bereichen.

Die Ausweitung des Privatsektors in den Bereich der Stadtplanung umfasst auch private Beratungsunternehmen und private Bauträger. Private Fachplaner, insbesondere Ingenieure, spielen eine bedeutende Rolle bei der Erarbeitung von verschiedenen Plänen während sie parallel dazu für die Prüfung von Umweltverträglichkeitsstudien und die Durchführung von Bauabnahmen verantwortlich sind. Private Bauträger können ihrerseits in Übereinstimmung mit den verfahrensrechtlichen und materiellen Vorschriften des geltenden Planungsrechts die Erstellung von Plänen und zur Land- und Immobilienentwicklung von Immobilien/Gebieten in privatem Besitz übernehmen. In einigen vom Gesetz vorgesehenen Fällen können sie sogar die Bewirtschaftung des gesamten Erschließungsgebietes einschließlich der Infrastruktureinrichtungen und des öffentlichen Raumes übernehmen.

Das griechische Planungsrecht befindet sich derzeit in einem Reformprozess. Ziel dieser Reform ist es unter anderem, Planungshindernisse für unternehmerische Tätigkeiten abzubauen und mehr Raum für private Initiativen zu schaffen.[24] Wenn diese Ziele erreicht werden, spielen öffentliche Akteure bei Planung und Umsetzung in Zukunft eine geringere Rolle. Daraus folgt, dass für private Rechtssubjekte bei der Erschließung und Bewirtschaftung eine verstärkte Rolle vorgesehen ist.

24 Vgl. Ministerium für Entwicklung, Wettbewerbsfähigkeit und Schiffbau (2012), Promoting a Business Friendly Greece. Action Plan to support entrepreneurship and improve structural competitiveness (Förderung eines unternehmerfreundlichen Griechenlands, Aktionsplan zur Unterstützung von Unternehmertum und zur Verbesserung der strukturellen Wettbewerbsfähigkeit), Abrufbar unter: http://www.mindev.gov.gr/wp-content/uploads/2012/03/12.03.05_bfg_actionplan_en.ppt (letzter Zugriff: 30. November 2012).

Fred Hobma and Erwin Heurkens

4. Netherlands

4.1 Growing private sector involvement in urban development

Private sector involvement in urban development practice has grown in the past decades in the Netherlands. In his recent PhD-thesis *Private Sector-led Urban Development Projects*, Heurkens brings forward several explanations pointing towards more private sector involvement in the built environment.[1]

First, Heurkens notices an evolutionary process of increased *neoliberalisation* and the adoption of Anglo-Saxon principles in Dutch society. The process of neoliberalisation in the Netherlands started in the 1980s with structural government retrenchments and rounds of privatisations in the transport and energy sector[2]. Although the Netherlands are having 'Rhineland' roots with a focus on welfare provision, several neoliberal principles (privatisation, decentralisation, deregulation) have been adopted by government and incorporated in the management of organisations. For instance, Brouwer & Moerman[3], Bakker et al.[4] and Godijk[5] indicate that there are obvious influences of Anglo-Saxon principles being adopted

1 Erwin Heurkens, Private Sector-led Urban Development Projects – Management, Partnerships & Effects in the Netherlands and the UK. Doctoral dissertation, Delft University of Technology, 2012. http://abe.tudelft.nl/article/view/Heurkens/heurkens. The summary of Heurkens' description of the growing influence of the private sector on urban development is based on chapter 1 'Introduction' of his doctoral dissertation.

2 H. van der Cammen and L. de Klerk, Ruimtelijke Ordening: van grachtengordel tot Vinex-wijk. Utrecht, Het spectrum (2003).

3 J.J. Brouwer and P. Moerman, Angelsaksen versus Rijnlanders: zoektocht naar overeenkomsten en verschillen in Europees en Amerikaans denken. Garant-Uitgevers, Antwerpen (2005).

4 P. Bakker, S. Evers, N. Hovens, H. Snelder and M. Weggeman, Het Rijnlands model als inspiratiebron. Holland Management Review, 103, 72–81 (2005).

5 R. Godijk, Herwaardering van de Rijnlandse principes: over governance, overleg en engagement. Koninklijke van Gorcum, Assen (2008).

by public and private organisations in the Netherlands. Over the last 30 years, These societal and organisational developments have had an impact on urban planning as well, which has changed towards a more market-oriented development practice too.

Second, as Heurkens explains, the result of the 'Anglo-Saxon wind' is the emergence of a market-oriented type of planning practice based on the concept of *development planning*. In development planning, the government does not only make spatial plans, but goes further than that.[6] Purpose of development planning is accomplishing a link between spatial planning (preponderantly the domain of government) and spatial investments (preponderantly the domain of private parties). Development planning does not make a distinction between planning and implementation, but – on the contrary – combines planning and (agreements on) spatial investments. This means that there is no succession (in other words: no fixed sequence) of public planning and private investments. On the contrary, private parties are strongly involved in planning. Planning therefore shifts from being an internal governmental activity to the creation of a social coalition. As Boelens[7] argues, the hierarchical planning role of government has reached its limits, also in the Netherlands, which often has been characterised as a 'planning paradise', for instance by Faludi & Van der Valk.[8] Dutch planning and development processes notice a shift from government to *governance*.

The Dutch National Spatial Planning Act (2006) recognised this shift and emphasized the collaboration between public, private and civic organisations to manage development projects. Other private and civil actors have become intensively involved in making decisions about planning matters and to invest in development projects. Feasibility of such projects is

6 F.A.M. Hobma and E.T. Schutte-Postma, Planning and Development Law in the Netherlands. Delft, (forthcoming, 2013).

7 L. Boelens, Planologie extended: naar een nieuwe toekomst van ruimtelijk openbaar bestuur. In H. Dijstelbloem, P. den Hoed, J.W. Holtslag and S. Schouten (Eds.), Het gezicht van de publieke zaak: openbaar bestuur onder ogen (pp. 185–204). WRR/Amsterdam University Press, Den Haag/Amsterdam (2010).

8 A Faludi and A. van der Valk, Rule and order: Dutch planning doctrine in the twentieth century. Kluwer Academic Publishers, Dordrecht (1994).

consequently enhanced. Private parties with investment power (= money) receive access to government planning. In exchange, the government receives commitments for the implementation of plans created in coalition with those private parties. From a legal perspective, development planning goes hand in hand with an increased use of private law by government. More specifically, public-private partnership usually requires a public party to act on the basis of private law with respect to public powers.[9]

Third, Heurkens argues that the European Commission expresses concerns about the hybrid role of public actors in Dutch institutionalised public-private partnerships.[10] Public actors in such public-private partnerships serve both commercial purposes (making money) and the public interest at the same time. EU legislation, however, favours formal *public-private role divisions* in realising urban projects based on Anglo-Saxon legal principles notably being: competition, transparency, equality, and public legitimacy. Importantly, intensive Dutch planning practice debates on the possible violation of public procurement rules (Auroux-judgement, statement of the European Court C-220/05) brings to light that the institutionalised PPP practice has reached its limits. Moreover, the Müller-judgement (C-451/08) implicates that future urban development PPPs require a clear role division by law. In essence, such EU law principles favour the increased use of tenders for urban development projects. Here, municipalities define planning requirements for private tender undertakers or concessionaires. The European Commission's position would, in Heurkens' view, lead to a smaller role of public actors, at least in the Netherlands with its tradition of public-led planning. Hence, the role of the private sector in urban development projects would increase. For example, such tenders involve property developers taking more responsibilities for development projects. Not only are they responsible for making development plans and delivering projects. Tenders might also require developers to manage developed urban areas (public space) after project completion.

Fourth, Heurkens explains that the financial and economic crisis is a stimulus for private sector involvement in urban development. Indeed,

---

9 Hobma en Schutte-Postma, forthcoming (2013).

10 European Commission, Green paper (article 60: 20). European Commission, Brussels (2004).

financial retrenchments in the public sector and debates about the financial risks of Dutch municipalities' active land development policies point towards a lean and mean government that moves away from risk-bearing investments in urban projects and leaves this to the market.[11] Decreasing financial means for development and the development risks involved have resulted in several Dutch municipalities considering adopting a facilitating or passive land policy in urban planning. Such policy implicates local authorities facilitating private developers to invest in, develop and potentially manage urban areas, diminishing the municipal role towards land sales and planning regulation. Van der Krabben argues that this shift is of a structural nature.[12] Examples of such a land policy approach already have been introduced in the last 15 years with the coming into being of '*area concessions*'. In brief, the current municipal financial deficit situation, which (at least partially) is a result of the active land development role of Dutch municipalities and substantial financial retrenchments from central government, implies a continuation of the trend towards more privatisation and private sector involvement in urban planning. Heurkens argues that the current liquidity difficulties of the Dutch private development sector can be seen as being an economic cyclical occurrence.[13] Therefore, once the economy and demand for real estate picks up, it is very likely that

---

11 The term that is used for (1) municipal acquisition of undeveloped land, followed by (b) preparing the land for construction, followed by (c) sale (or issue land under ground lease) by the municipality to developers or housing associations, is active land policy. 'Active land policy' is the literal English translation of the Dutch term 'actief grondbeleid'. English speaking countries usually use the term 'land banking' to describe this phenomenon. Dutch municipalities in the past decades have made huge profits from land sale to property developers. However, since the financial and economic crisis started it turned out that undeveloped land that is owned by municipalities, but cannot be sold to property developers, has become a major financial burden for municipalities.

12 E. van der Krabben, Gebiedsontwikkeling in zorgelijke tijden: kan de Nederlandse ruimtelijke ordening zichzelf nog wel bedruipen? (Inaugural address). Radboud Universiteit Nijmegen, Nijmegen (2011).

13 Erwin Heurkens, Private Sector-led Urban Development Projects – Management, Partnerships & Effects in the Netherlands and the UK. Doctoral dissertation, Delft University of Technology, 2012. http://abe.tudelft.nl/article/view/Heurkens/heurkens.

market actors will continue their prominent role in urban development facilitated by risk-avoiding government actors.

Each of the reasons stated above, implied growing private sector involvement in urban development in the Netherlands in the past decades.

4.2 Legislation concerning the initiative and the drafting of land-use plans

Question 1:
Is there legislation concerning the initiative and/or the drafting of zoning plans and other equivalent documents by private entities? What is the procedure in that legislation and does it guarantee municipal control of planning powers? How is public participation organized in this procedure?

The answer is:
No, there is no legislation concerning initiative or drafting of land-use plans by private entities.[14] Of course, there *is* legislation regarding the initiative and drafting of land-use plans. However, this legislation does not refer to any role for private entities.

The procedure of a land-use plan has the following elements:
Preparation of a draft of a land-use plan. The legislation does not specify who is responsible for the preparation of a draft land-use plan. In practice, a draft is prepared under the administrative responsibility of the municipal executive (Burgomaster and Aldermen). Once the draft land-use plan is ready, it will be offered to the municipal council.

(1) *Democratic legitimisation* in the form of adoption of the land-use plan by the Municipal council (which indeed are the directly chosen representatives of the people on the municipal scale). This is laid down in article 3.1 SPA, paragraph 1. Herewith it is democratically determined that the plan is for the *public good.*

---

14 The term 'zoning plan' is not often used in the Netherlands as a translation of the Dutch 'bestemmingsplan' – which is the legally binding urban development plan. Instead, 'land-use plan' is mostly used. Therefore, in this paper, I will use the term 'land-use plan'.

(2) Legally established possibilities for affected citizens or organizations to *influence the contents* of the plan:

- *involvement* of citizens and societal organisations in the preparation of a land-use plan (art. 3.1.6 Spatial Planning Decree);
- submitting *views* (Dutch: zienswijzen) against the draft land-use plan. This is laid down in article 3.8, paragraph 1, sub d, SPA: 'any person may express their views on the draft to the Municipal Council';
- interested parties have the right to *lodge appeal* against the adoption of the land-use plan by the Municipal Council. This right is granted in the General Administrative Law Act (Dutch: Algemene wet bestuursrecht).

(3) Final judicial settlement by the *independent administrative judge*. This refers to the right to lodge appeal. An important feature is that the final word about the oppositions against a land-use plan is not with an administrative body or with politicians, but with the independent administrative judge: the Administrative Jurisdiction Division of the Council of State (Dutch: Afdeling bestuursrechtspraak van de Raad van State).

As said, the legislation does not refer to any role for private entities. However, in practice they may have an import role. This role is connected to element (1) mentioned above: the preparation of a land-use plan. I will elaborate on this in the next section.

4.3 The role of private entities in the preparation of a land-use plan

As explained above, the draft of a land-use plan is prepared under the administrative responsibility of the municipal executive. We can distinguish between four ways of preparation of land-use plans. Two of them involve great substantial influence of private entities. Each of these four ways is used in practice.

a) The draft of the land-use plan is made by public servants. This means that the draft land-use plan is an 'in-house' affair. Public servants like planners, urban designers and planning lawyers together draw up the draft land-use plan. In this case the municipal executive is the commissioner (or: principal) of the draft land-use plan. This alternative (a) was widely used in the past. Nowadays only a minority of municipalities has a staff that draws up drafts of land-use plans.

b) The draft of the land-use plan is made by a private urban planning & design consultancy firm. This means that the making of draft land-use plan is 'outsourced' to a consultant. However, in this case, the municipal executive still is the commissioner of the draft land-use plan. That is, the consultant will be paid by the municipal executive.
This alternative (b) is widely used nowadays.

c) The draft of the land-use plan is made by a property developer. This means that a property developer hires a consultancy firm to make the draft land-use plan. Thus, the municipal executive is not the commissioner of the consultant. The property developer will offer the draft land-use plan to the municipal executive.

d) The draft of the land-use plan is made by a public-private entity. This means that an entity in which the municipality and one or more property developers work together, produces the draft land-use plan. In practice, the ppp-entity will hire a consultancy firm for this. Once the draft land-use plan is ready, the ppp-entity will offer the plan to the municipal executive.

e) There are no data available regarding how many times alternative occurs in practice. However, it happens on a very regular basis that a ppp-entity produces the draft land-use plan. This has to do with the high frequency of public-private partnerships for urban development in the Netherlands.

Public-private partnerships for urban development

Once specific – and often used – model for public-private partnership implies parties jointly incorporating a legal entity (a company) that will constitute the legal vehicle for (re)developing the area. This is the *joint-venture model* and entails an intensive partnership. The joint-venture model is particularly suitable if public and private parties are willing to share the risks and opportunities involved in the (land) development and in case of the long-term development of the area. (Financial) risks that are too high for one public or private party can be spread in a legal entity, as a result of which a large-scale development can be realised. Other considerations for choosing this model are of a tax and civil law nature, for the joint-venture model offers possibilities to realise tax advantages and to limit liabilities for the parties involved. A joint-venture can be seen as a link between the public and the private domains. In a joint-venture, the joint public (municipality) and private (property developer) ambitions for the area are embedded. Apart from that, joint-ventures come in many variants. One of the tasks of a joint-venture may very well be to draw up of draft land-use plans.

Joint-ventures for urban development are mainly used for big scale developments. Some of these developments include thousands of dwellings.

Each of these four ways of preparation of a land-use plan ends with offering the draft land-use plan to the municipal executive. If the municipal executive agrees with the draft, it will offer the plan to the municipal council.

So, there is no role for private entities in legislation regarding the initiative or drafting of land-use plans. However, in practice there are ways for private entities (alternative c) or public-private entities (alternative d) to take the initiative to prepare or draft a land-use plan. Nevertheless, it is the municipal executive that will offer the draft to the municipal council.

4.4 Legislation concerning the involvement of private entities in the control and enforcement of public zoning and building regulations

Question 2:
Is there legislation concerning the involvement of private entities in the control and enforcement of public zoning and building regulations? Are private entities only allowed to perform assessment tasks or can they issue development permits and take follow-up enforcement measures?

The answer is:
No, there is no legislation concerning the involvement of private entities in the control and enforcement of public zoning and building regulations. Private entities cannot issue development permits. Nor can they take enforcement measures.

Control and enforcement of public zoning and building regulations is a task of the 'competent authority' (Housing Act, art. 92 and Environmental Licensing Act, art. 5.2). This means that municipal civil servants perform control and enforcement. In practice it is the responsibility of a municipal department, generally known as Local Building Control (Dutch: Bouw- en Woningtoezicht). However, national government is considering privatisation of control and enforcement tasks. Very recently, the minister of Interior Affairs commissioned a research after the privatisation of building control and enforcement.[15]

Issuing development permits is a task of the competent authority too. Usually Burgomaster and Alderman (the municipal executive) are the competent authority (Environmental Licensing Act, art. 2.4).

However, private entities may have a role in testing permit applications. In essence, this means that a permit application is not tested by a government body, but by a private certification body, the idea being that the quality of the holders' working process allows them to test the application against the assessment framework. They ensure that criteria for granting

15 Ira Helsloot and Arjen Schmidt, Risicoaansprakelijkheid als vervanging van overheidstoezicht in de bouw? (Strict liability as a substitution for governmental building control?) CrisisLab, June 2012.

permits are satisfied, doing away with the need for testing by a government body. In fact, this form of certification exchanges government testing for private 'self-regulation'.

An example of the kind of certification now being experimented with is the Building Decree Assessment (Dutch: Bouwbesluittoets). Traditionally, Local Building Control tested applications for development permits against the Building Decree[16]. Trials are currently being performed in which the assessment is left to private organisations that satisfy the quality requirements of a specific certificate. As long as they satisfy objective quality requirements, the certificate holder can be anything from an architect to another kind of advisor.

4.5 Legislation concerning the private management of urban infrastructures and public spaces

Question 3:
Is there legislation concerning the private management of urban infrastructures and public spaces? Is this legislation restricted to single infrastructures and spaces or does it provide a legal framework for the private management of entire neighbourhoods and other urban areas? Is the management of those neighbourhood and areas restricted to owners or neighbours associations or can concessionaires or other private commercial companies perform it? How does it guarantee municipal or public control of management decisions?

The answer is:
There is only one act relating to private management of public spaces. This act relates to Business Improvement Districts. There is no act relating to private management of urban infrastructures. The act that relates to private

16 The Building Decree contains regulations concerning buildings (and other structures). It consists of numerous technical regulations for the construction of new buildings as well as for existing ones. The Building Decree regulations express the minimum technical level allowed, concerning such aspects as load-bearing capacity, stability, fire resistance, ventilation, acoustic insulation, energy performance standard, ramps and the minimum amount of daylight in any one room.

management of public spaces (Business Improvement Districts) is restricted to single spaces; it does not provide a legal framework for the private management of entire neighbourhoods. The management of the public spaces is restricted to the businesses who's customers use the public space. These business will hire a private company to manage the public are for them.

In the Netherlands, the *Business Improvement Districts (Experiments) Act* (Dutch: Experimentenwet BI-zones) has been in effect since 2009. Within the defined area of a business improvement district (Bedrijven Investeringszone), business owners make joint investments in an appealing and safe commercial environment. Provided there is sufficient support, all of the business owners will be asked to contribute. To this end, the municipal authority imposes a levy and pays the proceeds to the association or foundation implementing the activities on behalf of the business owners.

The activities of a BIZ are meant to complement those of the municipal authority and include, for instance:

- improving traffic infrastructure;
- signage;
- green spaces;
- waste collection;
- lighting;
- cleaning;
- maintenance;
- fire safety;
- graffiti removal;
- increasing safety by means of measures such as additional surveillance, fences and closed-circuit television (CCTV) cameras.

It must be concluded that Business Improvement Districts are not widely used in the Netherlands.

Apart from the Business Improvement Districts, there are some other examples of private management of urban public spaces in the Netherlands. The management in those cases is done by private concessionaires. The concessionaires perform their tasks on the basis of *private law agreements* with municipalities. There is no legislation that applies to this situation.

Management of public spaces by private concessionaires sometimes is a part of a *private sector-led urban development project*. This is a specific contract type for urban development. It is not the most used contract type for urban development in the Netherlands. In Dutch, private sector-led urban development is labelled as a 'concession'. A concession can be defined as follows:

"A concession in urban area development is a contract form with clear preconditioned (financial) agreements between public and private parties, in which a conscious choice from the public parties has been made to transfer risks, revenues, and responsibilities for plan development, land preparation, land and real estate development and possible operation for the entire development plan towards private parties, within the previously defined public brief in which the objective is to create an effective and efficient role and task division and a clear separation of public and private responsibilities".[17]

In fact, concessions are contracts for the *development* of an urban area – not for *management* of urban areas. However, in a minority of cases of use of such concessions, the developer also has the responsibility for the management of the area. In such cases, the developer is a concessionaire who performs management of a neighbourhood. Usually this responsibility, depending on the contract, lasts for a number of years, for instance 5 years. During this period, the developer bares the costs of the management of the urban area. After this period, the management of the area, in particular the management of public space, is returned to the municipality.

As said, there is no legislation regulating private sector involvement in management of urban areas. The involvement of private concessionaires in case of private sector-led urban development ('concessions') is entirely based on private law agreements between a developer and a municipality. From this, it follows that the guarantee for municipal control of management decisions must be based in the contract between developer/concessionaire and municipality.

17 M.H.M. Gijzen, Zonder loslaten geen concessie: Inzicht in de recente toepassing van deze publiek-private samenwerkingsvorm in de Nederlandse gebiedsontwikkelingspraktijk met 'evidence-based' verbetervoorstellen (Thesis). Rotterdam: Master City Developer, 2009.

4.6 Conclusion: planning powers of local authorities in perspective

In the first section of this paper we stated that as a result of neoliberalisation and an Anglo-Saxon wind, private sector involvement in urban development practice has grown in the past decades in the Netherlands. Now at the end of this paper, we must conclude that indeed in urban development *practice* private sector involvement is strong. In terms of *legislation* however, we cannot recognise the strong private sector involvement.

Public law almost exclusively allocates planning powers, control powers and enforcement powers to governmental bodies. Nevertheless, we must realise that government is heavily dependent on private sector development initiatives. To give an example: suppose that a local land-use plan, holding a new residential area, has been adopted by the municipal council. Indeed, the municipal council has the power to do so. But if the plan neglects developer's requirements regarding (for instance) density, available parking space and dwelling types, the developer will not apply for a development permit. Thus, the municipality's will remain a piece of paper.

So, 'behind' the strong governmental powers, is a dependency on private sector development initiatives. This explains the practice of negotiations and private law agreements between municipality and developers *prior to* the start of public law land-use plan procedures. Hence, in practice almost always local authorities will only start a public law land-use plan procedure if *prior to that* a private law agreement has been concluded with the property developer(s).

The agreement shall at least relate to the developer's financial contributions to (among other things) public amenities in the development area (such as infrastructure and sewage). But it is common that the agreement goes further and for instance stretches out to the program to be realised on the land. After an agreement has been closed, the municipal executive will offer a draft land-use plan to the municipal council *that is in agreement with the previously concluded agreement*. These types of agreements have a specific name. They are called 'land-use plan agreements'. Land-use plan agreements usually constitute part of an agreement that is concluded between a municipality and developers.

This practice, in itself raises all kinds of legal questions, for instance relating to the point of *views* (Dutch: zienswijzen) against the draft land-use plan submitted to the municipal council by third parties concerned. *Formally* the municipality is free to honour views against the draft land-use plan. *Materially*, however, the situation may be altogether different. It is not inconceivable that the municipality, in view of the earlier agreement on the land-use plan with the private parties, tends to reject such views. Bregman and De Win wrote about such situations: 'In this way, the government can actually no longer objectively weigh interests if there are objections by third parties; it has already weighed the interests during the negotiation process with the private partner(s).[18] This comment does not suggest that a municipal body is not supposed to have its own clear opinion on an urban area development project. The issue is whether it is (formally) still sufficiently free, or feels sufficiently free (materially), to deviate from the opinion, in view of the agreement made with the third party/parties at an earlier stage.

All in all this puts the great planning powers of local authorities in perspective.

18 A.G. Bregman and R.W.J.J. de Win, Publiek-private samenwerking bij de ruimtelijke inrichting en haar exploitatie ('Public private partnership in spatial planning and its development'.) Bouwrecht Monografieën no. 26. Deventer (Kluwer), 2005, p. 97.

Fred Hobma und Erwin Heurkens

4. Niederlande

4.1 Zunehmende Beteiligung des Privatsektors an der Stadtentwicklung

Die Beteiligung des Privatsektors an der Stadtentwicklungspraxis hat in den Niederlanden in den letzten Jahrzehnten zugenommen. In seiner unlängst veröffentlichten Doktorarbeit mit dem Titel *„Vom Privatsektor geführte Stadtentwicklungsprojekte"*, legt Dr. Heurkens eine Reihe von Erklärungen vor, die auf eine stärkere Beteiligung des Privatsektors in der bebauten Umwelt hinweisen.[1]

Erstens: Heurkens beobachtet einen Prozess der zunehmenden *Neoliberalisierung* und der Übernahme von angelsächsischen Prinzipien in die holländische Gesellschaft. Die Neoliberalisierung begann in den Niederlanden in den achtziger Jahren mit strukturellen staatlichen Sparmaßnahmen und Privatisierungsrunden im Transport- und Energiesektor[2]. Wenngleich die Niederlande „rheinische" Wurzeln mit einer Fokussierung auf soziale Absicherung haben, wurden vom Staat zahlreiche neoliberale Grundsätze (Privatisierung, Dezentralisierung, Deregulierung) übernommen und zum Element des Orgnisationsmanagements gemacht. So geben beispielsweise

1 Vgl. Erwin Heurkens, Private Sector-led Urban Development Projects – Management, Partnerships & Effects in the Netherlands and the UK („Vom Privatsektor geführte Stadtentwicklungsprojekte" – Lenkung, Partnerschaften und deren Wirkungen in den Niederlanden und Großbritannien), Dokorarbeit, Technische Universität Delft, 2012. http://abe.tudelft.nl/article/view/Heurkens/heurkens. Die Zusammenfassung von Heurkens' Beschreibung eines wachsenden Einflusses des Privatsektors auf die städtische Entwicklung basiert auf Kapitel 1 „Einführung" seiner Doktorarbeit.

2 Vgl. H. van der Cammen und L. de Klerk, Ruimtelijke Ordening: van grachtengordel tot Vinex-wijk, Utrecht, Het spectrum (2003).

Brouwer und Moerman,[3] Bakker et al.[4] und Godijk[5] an, dass es eindeutig Einflüsse von angelsächsischen Grundprinzipien gibt, die von öffentlichen und privaten Organisationen in den Niederlanden übernommen wurden. In den letzten dreißig Jahren haben sich diese gesellschaftlichen und organisatorischen Entwicklungen auch auf die Stadtplanung ausgewirkt. Diese hat sich ebenfalls in Richtung einer stärker marktorientierten Entwicklungspraxis bewegt.

Zweitens: Heurkens erläutert, dass die Entstehung einer eher marktorientierten Planungspraxis, welche auf dem Grundsatz der *Entwicklungsplanung* basiert, das Ergebnis des sog. „angelsächsischen Windes" ist. Bei der Entwicklungsplanung erstellt der Staat nicht nur Raumordnungspläne, sondern geht darüber hinaus.[6] Zweck der Entwicklungsplanung ist es, eine Verbindung zwischen Raumplanung (überwiegend die Domäne des Staates) und baulicher Investition (überwiegend die Domäne der Privatwirtschaft) herzustellen. In der Entwicklungsplanung wird nicht zwischen Planung und Umsetzung unterschieden, hier werden vielmehr Planung und (Verträge über) bauliche Investitionen miteinander kombiniert. Das bedeutet, dass es hier keine Abfolge (bzw. feststehende Reihenfolge) von öffentlicher Planung und privater Investition gibt. Das Gegenteil davon ist der Fall: Private Vertragsparteien sind an der Planung erheblich beteiligt. Planung ist also keine interne Tätigkeit des Staates mehr, sondern führt zur Bildung eines gesellschaftlichen Bündnisses. Boelens[7] vertritt die These, dass die hierarchische Planungsrolle des Staates seine Grenzen auch

---

3 Vgl. J.J. Brouwer und P. Moerman, Angelsaksen versus Rijnlanders: zoektocht naar overeenkomsten en verschillen in Europees en Amerikaans denken, Garant-Uitgevers, Antwerpen (2005).

4 Vgl. P. Bakker, S. Evers, N. Hovens, H. Snelder and M. Weggeman, Het Rijnlands model als inspiratiebron. Holland Management Review, 103, 72–81 (2005).

5 Vgl. R. Godijk, Herwaardering van de Rijnlandse principes: over governance, overleg en engagement, Koninklijke van Gorcum, Assen (2008).

6 Vgl. F.A.M. Hobma und E.T. Schutte-Postma, Planning and Development Law in the Netherlands (Planungs- und Erschließungsrecht in den Niederlanden), Delft, (Veröffentlichung für 2013 angekündigt).

7 Vgl. L. Boelens, Planologie extended: naar een nieuwe toekomst van ruimtelijk openbaar bestuur. In H. Dijstelbloem, P. den Hoed, J.W. Holtslag und S. Schouten (Hrsg.), Het gezicht van de publieke zaak: openbaar bestuur onder

in den Niederlanden erreicht hat, die oft als „Planungsparadies“ (siehe z.B. Faludi und Van der Valk[8]) bezeichnet wurden. Planungs- und Entwicklungsprozesse verschieben sich in den Niederlanden weg vom „Staat“ („government“) hin zum *„staatlichem Handeln“* („governance“).

Im niederländischen, nationalen Raumordnungsgesetz (Spatial Planning Act, 2006) wurde dieser Veränderung Rechnung getragen und die Zusammenarbeit zwischen öffentlichen, privaten und zivilgesellschaftlichen Organisationen bei der Durchführung von Erschließungsprojekten hervorgehoben. Andere private und zivilgesellschaftliche Akteure sind sehr stark an Entscheidungen zu Planungsfragen beteiligt worden und haben in Erschließungsvorhaben investiert. Die Durchführbarkeit solcher Projekte wurde auf diese Weise erhöht. Private Rechtssubjekte mit Investitionskraft (Geld) erhalten Zugang zu staatlicher Planung. Im Gegenzug verpflichten sich diese privaten Rechtssubjekte gegenüber dem Staat zur Umsetzung der in der Zusammenarbeit entstandenen Pläne. Rechtlich gesehen ist die Entwicklungsplanung mit einer verstärkten Anwendung des Zivilrechtes durch den Staat verbunden. Insbesondere eine öffentlich-private Partnerschaft zwingt die öffentliche Vertragspartei dazu, in Bezug auf ihre öffentlich-rechtlichen Befugnisse auf der Grundlage des Privatrechts zu handeln.[9]

Drittens: Heurkens legt dar, dass die Europäische Kommission Bedenken hinsichtlich der Zwitterrolle der öffentlichen Akteure bei institutionalisierten öffentlich-privaten Partnerschaften (IÖPP) in den Niederlanden geäußert hat.[10] Öffentliche Akteure verfolgen in solchen öffentlich-privaten Partnerschaften (ÖPP) kommerzielle Zwecke (Profit erwirtschaften) und handeln gleichzeitig auch im öffentlichen Interesse. Die EU-Gesetzgebung zieht hingegen bei öffentlich-privaten Partnerschaften zur Ausführung von Stadtentwicklungsprojekten eine formale *Rollenverteilung* auf der

---

ogen (S. 185–204). WRR/Amsterdam University Press, Den Haag/Amsterdam (2010).

8 Vgl. A. Faludi und A. van der Valk, Rule and order: Dutch planning doctrine in the twentieth century (Gehorsam und Ordnung: Die niederländische Planungsdoktrin des 20. Jahrhunderts), Kluwer Academic Publishers, Dordrecht (1994).

9 Vgl. Hobma en Schutte-Postma, Veröffentlichung für 2013 angekündigt.

10 Europäische Kommission, Grünbuch (Artikel 60: 20), Europäische Kommission, Brüssel (2004).

Grundlage angelsächsischer Rechtsprinzipien vor. Hierzu zählen: Wettbewerb, Transparenz, Gleichheit und Legitimität in den Augen der Öffentlichkeit. Die intensive Debatte über eine mögliche Verletzung von Regeln für die öffentliche Vergabe durch die niederländische Planungspraxis zeigt, dass die Praxis institutionalisierter ÖPP ihre Grenzen erreicht hat (Urteil Auroux, Stellungnahme des Europäischen Gerichtshofs C-220/05). Darüber hinaus hat das Urteil Müller (C-451/08) indirekt gezeigt, dass ÖPP in der Stadtentwicklung in Zukunft einer klaren, gesetzlich geregelten Rollenverteilung bedürfen. Kurz gesagt wird durch solche EU-Rechtsgrundsätze die verstärkte Verwendung von Ausschreibungen bei Stadtentwicklungsprojekten bevorzugt. In diesem Fall würden die Gemeinden die Planungsanforderungen für private Ausschreibungsteilnehmer oder Konzessionäre festlegen. Die Position der Europäischen Kommission würde, so Heurkens, zumindest in den Niederlanden, einem Land mit einer traditionell staatlich geführten Planung, zu einer weniger wichtigen Rolle der öffentlichen Akteure führen. Folglich würde die Rolle des Privatsektors bei Stadtentwicklungsprojekten an Bedeutung gewinnen. So würden solche Ausschreibungen Bauträgern z.B. zu mehr Verantwortung bei Entwicklungsprojekten verhelfen. Sie wären nicht nur für die Erstellung der Entwicklungspläne sondern auch für die Umsetzung von Projekten verantwortlich. Bauträger könnten in Ausschreibungen auch verpflichtet werden, bebaute städtische Bereiche (öffentlichen Raum) nach Fertigstellung des Projektes zu bewirtschaften.

Viertens: Heurkens erläutert, dass die Finanz- und Wirtschaftskrise zu einer verstärkten Beteiligung des Privatsektors an der Stadtentwicklung führen wird. In der Tat weisen die Sparmaßnahmen im öffentlichen Sektor und die Debatten über die finanziellen Risiken, die mit der aktiven Landentwicklungspolitik der niederländischen Gemeinden verbunden sind, in Richtung eines „schlanken und geizigen Staates“, der von riskanten Investitionen in Stadtentwicklungsprojekte absieht und diese dem Markt überlässt.[11] Der Rückgang finanzieller Mittel für die Erschließung und die mit

11 Der Ankauf von unbebauten Grundstücken durch Gemeinden (1) mit nachfolgender Vorbereitung der Flächen für eine Bebauung (b), sowie einem darauf folgenden Verkauf (oder der Überlassung von Grundstücken im Rahmen eines Erbpachtvertrages) (c) durch die Gemeinde an Bauträger oder Wohnungsbaugenossenschaften wird als aktive Bodenpolitik bezeichnet. Bei dem Begriff

ihr verbundenen Risiken haben dazu geführt, das mehrere niederländische Gemeinden über eine unterstützende oder passivere Bodenpolitik im Bereich Stadtplanung nachdenken. Eine solche Politik bedeutet, dass kommunale Behörden private Bauträger dabei unterstützen, in städtische Bereiche zu investieren, diese zu erschließen und möglicherweise auch zu bewirtschaften. Auf diese Weise wird sich die Rolle der Gemeinde auf Grundstücksverkäufe und das Baurecht beschränken. Van der Krabben vertritt die These, dass ein solcher Wandel strukturellen Charakter hätte.[12] Beispiele für ein solches Bodenpolitikkonzept wurden seit der Einführung der *Gebietskonzessionen* vor 15 Jahren bereits geschaffen. Kurz gesagt bedingt die aktuelle, defizitäre Finanzsituation der Gemeinden, die (zumindest zum Teil) das Ergebnis der aktiven Rolle der niederländischen Gemeinden bei der Landentwicklung und der erheblichen Sparmaßnahmen der Zentralregierung ist, eine Fortsetzung der Tendenz hin zu verstärkter Privatisierung und Beteiligung des Privatsektors im Bereich Stadtplanung. Heurkens vertritt die These, dass die gegenwärtigen Liquiditätsschwierigkeiten des privaten Erschließungssektors in den Niederlanden als ein konjunkturelles Phänomen interpretiert werden können.[13] Sobald die Wirtschaft sich erholt hat und die Nachfrage nach Immobilien wieder zunimmt, werden die Marktteilnehmer sehr wahrscheinlich

---

„aktive Bodenpolitik" handelt es sich um die wörtliche Übersetzung des niederländischen Begriffs „actief grondbeleid". In englischsprachigen Ländern wird dieses Phänomen normalerweise als „land banking" bezeichnet. (Anm. d. Übers.: Im Deutschen wird der englische Begriff nicht übersetzt. Def: Der Begriff „Land Banking" steht für den Erwerb, die Entwicklung und die Verwertung strategisch günstig gelegener und nicht erschlossener Grundstücke mit Wachstumspotenzial (Quelle:http://www.gerckens.de/land-banking.html)). In den letzten Jahrzehnten haben niederländische Gemeinden mit dem Verkauf von Grundstücken an Bauträger große Gewinne erzielt. Seit dem Beginn der Finanz- und Wirtschaftskrise ist jedoch klar geworden, dass Bauerwartungsland, das sich im Besitz von Gemeinden befindet, aber nicht an Bauträger verkauft werden kann, für die Gemeinden eine große finanzielle Belastung darstellt.

12 Vgl. E. van der Krabben, Gebiedsontwikkeling in zorgelijke tijden: kan de Nederlandse ruimtelijke ordening zichzelf nog wel bedruipen? (Antrittsrede), Radboud University Nijmegen, Nijmegen (2011).

13 Vgl. Erwin Heurkens, Private Sector-led Urban Development Projects – Management, Partnerships & Effects in the Netherlands and the UK („Vom Privatsektor geführte Stadtentwicklungsprojekte" – Lenkung, Partnerschaften und deren Wirkungen in den Niederlanden und Großbritannien),

ihre bedeutende Rolle im Bereich Stadtentwicklung wieder wahrnehmen und hierbei von öffentlichen Akteuren, die eigene Risiken vermeiden wollen, Unterstützung erhalten.

Alle oben genannten Gründe haben in den letzten Jahrzehnten für eine wachsende Beteiligung des Privatsektors an der Stadtentwicklung in den Niederlanden gesorgt.

4.2 Rechtsvorschriften in Bezug auf die Initiative und die Erstellung von Bebauungsplänen

Frage 1:
Gibt es Rechtsvorschriften, nach denen private Rechtssubjekte die Initiative und/oder Erstellung von Flächennutzungsplänen und ähnlichen Dokumenten übernehmen können? Welches Verfahren wird in diesen Rechtsvorschriften vorgegeben und garantieren diese Rechtsvorschriften eine kommunale Kontrolle der Planungsbefugnisse? Welche Art von Bürgerbeteiligung ist in diesem Verfahren vorgesehen?

Die Antwort lautet:
Nein, es gibt keine Rechtsvorschriften, nach denen private Rechtssubjekte die Initiative oder den Entwurf von Bebauungsplänen übernehmen können.[14] Selbstverständlich *gibt* es Rechtsvorschriften in Bezug auf die Initiative und die Erstellung von Bebauungsplänen. In diesen Rechtsvorschriften wird jedoch die Rolle privater Rechtssubjekte nicht erwähnt.

Das Verfahren (zur Erstellung) eines Bebauungsplans umfasst die folgenden Elemente:
1. Der Entwurf eines Bebauungsplans wird erstellt. Das Gesetz enthält keine Angabe darüber, wer für die Erstellung des Bebauungsplanentwurfs

Promotionsschrift, Technische Universität Delft, 2012. http://abe.tudelft.nl/article/view/Heurkens/heurkens.

14 Der Begriff „zoning plan“ (dt.~Flächennutzungsplan) wird in den Niederlanden nur selten als Übersetzung für „bestemmingsplan“ (der rechlichsverbindliche Bebauungsplan) verwendet. Vielmehr wird der englische Begriff „land-use plan“ (dt.~Bebauungsplan) genutzt, der auch in diesem Artikel zur Anwendung kommen soll.

verantwortlich ist. In der Praxis wird der Entwurf unter der administrativen Verantwortung des Gemeindevorstands („Burgomaster“ und „Aldermen“) erstellt. Sobald der Entwurf des Bebauungsplans fertiggestellt ist, wird dieser dem Gemeinderat vorgelegt.

2. Demokratische Legitimierung durch die Annahme des Bebauungsplans im Gemeinderat (bei dessen Mitgliedern es sich um die direkt von den Bürgern gewählten Vertreter auf kommunaler Ebene handelt.) Rechtliche Grundlage ist Artikel 3.1, Abs. 1 des Raumplanungsgesetz (Spacial Planning Act, SPA). Hiermit wurde auf demokratische Art und Weise ermittelt, dass der Plan zum Wohle der Allgemeinheit ist.

3. Betroffene Bürger oder Organisationen haben die folgenden gesetzlich festgelegten Optionen, um den Inhalt des Plans zu beeinflussen:

- *Beteiligung* von Bürgern oder gesellschaftlichen Organisationen bei der Erstellung eines Bebauungsplans (Raumplanungsverordnung[15], Art. 3.1.6);
- Abgabe von *Stellungnahmen* (Niederländisch: zienswijzen) gegen den Entwurf des Bebauungsplans. Rechtliche Grundlage ist Artikel 3.8, Abs. 1, Unterabschnitt d des Raumplanungsgesetzes (Spacial Planning Act), der besagt, dass „jede Person ihre Sicht auf den Entwurf des Gemeinderats äußern kann“;
- interessierte Parteien haben das Recht, gegen die Annahme des Bebauungsplans durch den Gemeinderat *Beschwerde einzulegen*. Dieses Recht ist im Allgemeinen Verwaltungsgesetz (Niederländisch: Algemene wet bestuursrecht) verbrieft.

4. Endgültige gerichtliche Entscheidung durch einen unabhängigen Verwaltungsrichter. Dieser Punkt bezieht sich auf das Recht, Beschwerde einzulegen. Das Besondere an dieser Regelung ist, dass nicht ein Verwaltungsorgan oder ein Politiker das letzte Wort bei Einsprüchen gegen einen Bebauungsplan hat, sondern ein unabhängiger Richter der Abteilung für Verwaltungsrecht des Staatsrates (Niederländisch: Afdeling bestuursrechtspraak van de Raad van State.)

Wie bereits dargelegt, wird in den Rechtsvorschriften die Rolle privater Rechtssubjekte nicht erwähnt. In der Praxis können sie jedoch eine wichtige Rolle spielen. Diese Rolle hängt mit dem oben genannten Element (1)

15 Englisch: Spatial Planning Decree.

zusammen: der Erstellung eines Bebauungsplans. Der nächste Abschnitt soll hierüber mehr Aufschluss geben.

4.3 Die Rolle privater Rechtssubjekte bei der Erstellung eines Bebauungsplans

Wie oben dargelegt, wird der Entwurf eines Bebauungsplans in der administrativen Verantwortung des Gemeindevorstands erstellt. Es gibt vier verschiedenen Möglichkeiten, wie ein Bebauungsplan entstehen kann. Zwei dieser Varianten sind mit erheblichem Einfluss privater Rechtssubjekte verbunden. Alle vier Varianten finden praktische Anwendung.

a) Der Entwurf des Bebauungsplans wird von Beamten erstellt. Der Entwurf ist also eine „hausinterne Angelegenheit." Der Plan wird gemeinsam von Planungsingenieuren, Städtebauarchitekten („urban designer") und Anwälten für Planungsrecht, die allesamt Beamte sind, erstellt. In diesem Fall ist der Gemeindevorstand der Auftraggeber des Entwurfs.
Variante (a) kam in der Vergangenheit sehr oft zur Anwendung. Heutzutage verfügen nur noch wenige Gemeinden über Mitarbeiter, die Entwürfe von Bebauungsplänen erstellen.
b) Der Entwurf des Bebauungsplans wird von einem privaten Beratungsunternehmen für Stadtplanung und Städtebau erstellt. Es kommt also zu einer externen Vergabe. Auch in diesem Fall ist der Gemeindevorstand der Auftraggeber für den Entwurf des Bebauungsplans. Das bedeutet, dass der Berater vom Gemeindevorstand bezahlt wird.
Variante (b) kommt gegenwärtig oft zur Anwendung.
c) Der Entwurf des Bebauungsplans wird von einem Bauträger erstellt. Das bedeutet konkret, dass der Bauträger ein Beratungsunternehmen mit der Erstellung des Entwurfs beauftragt. Der Gemeindevorstand ist demzufolge nicht der Auftraggeber des Beraters. Der Bauträger wird den Entwurf des Bebauungsplans dem Gemeindevorstand vorlegen.
d) Der Entwurf des Bebauungsplans wird von einem gemischtwirtschaftlichen Unternehmen[16] erstellt. Das bedeutet, dass der Entwurf des Bebauungsplans von einem Rechtssubjekt, in dem die Gemeinde und ein oder mehrere Bauträger zusammenarbeiten, erstellt wird. In der

16 Englisch: "public-private entity".

Praxis wird das gemischtwirtschaftliche Unternehmen ein Beratungsunternehmen mit dem Entwurf beauftragen. Wenn der Entwurf des Bebauungsplans fertiggestellt ist, erhält der Gemeindevorstand den Plan vom gemischtwirtschaftlichen Unternehmen.

e) Es liegen keine Angaben darüber vor, wie oft Variante (d) in der Praxis angewandt wird. Jedoch erstellen gemischtwirtschaftliche Unternehmen regelmäßig Bebauungsplanentwürfe. Grund dafür ist die hohe Zahl von öffentlich-privaten Partnerschaften im Bereich der Stadtentwicklung in den Niederlanden.

Öffentlich-private Partnerschaften im Bereich der Stadtentwicklung

Ein besonderes und häufig verwendetes Modell der öffentlich-privaten Partnerschaft beinhaltet, dass die Vertragsparteien zusammen eine juristische Person (ein Unternehmen) gründen, die dann als rechtlicher Träger für die Entwicklung/Sanierung des Gebietes dient. Diese Art der Partnerschaft wird als *Joint-Venture-Modell* bezeichnet und führt zu einer intensiven Partnerschaft. Das Joint-Venture-Modell ist besonders geeignet, wenn die öffentliche und die private Vertragspartei bereit sind, die Risiken und Chancen einer (Land)erschließung miteinander zu teilen und wenn es um die langfristige Entwicklung eines Gebietes geht. Wenn die (finanziellen) Risiken für die öffentliche oder die private Vertragspartei allein zu groß sind, können diese mit Hilfe einer juristischen Person verteilt werden. Auf diese Weise können große Entwicklungsvorhaben realisiert werden. Außerdem gibt es steuerliche und zivilrechtliche Gründe, die für dieses Modell sprechen, denn das Joint-Venture-Modell bietet Möglichkeiten, Steuervorteile zu nutzen und die Haftung der Vertragsparteien zu begrenzen. Ein Joint Venture kann als eine Verbindung zwischen dem öffentlichen und dem privaten Bereich angesehen werden. In ihm lassen sich die gemeinsamen öffentlichen (der Kommune) und privaten (des Bauträgers) Ambitionen für ein Gebiet verankern. Darüber hinaus gibt es viele Arten von Joint Ventures. Der Entwurf eines Bauleitplans ist eine durchaus mögliche Aufgabe für ein Joint Venture.

Im Bereich Stadtentwicklung werden Joint Ventures vor allem für große Entwicklungsvorhaben verwendet. Einige dieser Vorhaben umfassen Tausende von Wohnungen.

Auf die Erstellung des Bebauungsplans folgt bei jeder der vier obengenannten Varianten die Vorlage des Planentwurfs beim Gemeindevorstand. Wenn der Gemeindevorstand dem Entwurf zustimmt, wird der Plan dem Gemeinderat vorgelegt.

Es gibt also keine Rechtsvorschriften, die privaten Rechtssubjekten eine Rolle in Bezug auf die Initiative oder Erstellung von Bebauungsplänen zuweist. In der Praxis gibt es jedoch Möglichkeiten für private Rechtssubjekte (Variante c) oder gemischtwirtschaftliche Unternehmen (Variante d), die Initiative für einen Bebauungsplan zu ergreifen und einen solchen zu entwerfen. Gleichwohl wird der Entwurf dem Gemeinderat immer vom Gemeindevorstand vorgelegt.

4.4 Rechtsvorschriften in Bezug auf die Beteiligung von privaten Rechtssubjekten an der Überwachung und Durchsetzung von Bestimmungen bezüglich öffentlicher Flächennutzungsplanung sowie Bauvorschriften

Frage 2:
Gibt es Rechtsvorschriften, nach denen private Rechtssubjekte in die Überwachung und Durchsetzung von Bestimmungen bezüglich öffentlicher Flächennutzungsplanung sowie Bauvorschriften eingebunden werden können? Dürfen private Rechtssubjekte lediglich Bewertungsaufgaben übernehmen oder können sie auch Planungsgenehmigungen erteilen und nachfassende Durchsetzungsmaßnahmen ergreifen?

Die Antwort lautet:
Nein, es gibt keine Rechtsvorschriften, nach denen private Rechtssubjekte in die Überwachung und Durchsetzung von Bestimmungen bezüglich öffentlicher Flächennutzungsplanung sowie Bauvorschriften eingebunden werden können. Private Rechtssubjekte können keine Planungsgenehmigungen erteilen. Sie können auch keine Durchsetzungsmaßnahmen ergreifen.

Die Überwachung und Durchsetzung von Bestimmungen bezüglich öffentlicher Flächennutzungsplanung sowie Bauvorschriften fällt in den Aufgabenbereich der „zuständigen Behörde" (Wohnungsbaugesetz,[17] Art. 92 und Gesetz über Umweltgenehmigungen,[18] Art. 5.2). Folglich sind es kommunale Beamte, die Überwachungs- und Durchsetzungsmaßnahmen ergreifen. In der Praxis fällt dies in die Verantwortung einer kommunalen Abteilung, der örtlichen Bauaufsicht (Niederländisch: Bouw- en Woningtoezicht). Die Regierung denkt jedoch über eine Privatisierung der Überwachungs- und Durchsetzungsaufgaben nach. Vor Kurzem hat der Innenminister eine Studie über die Privatisierung von Bauaufsicht- und Durchsetzungsaufgaben in Auftrag gegeben.[19]

Die Ausstellung von Planungsgenehmigungen ist ebenfalls Aufgabe der zuständigen Behörde. Dies ist in diesem Falle zumeist der „Burgomaster" und der „Alderman" (der Gemeindevorstand) (Gesetz über Umweltgenehmigungen, Art. 2.4).

Private Rechtsubjekte können jedoch an der Überprüfung von Genehmigungsanträgen beteiligt werden. Das bedeutet im Wesentlichen, dass ein Genehmigungsantrag nicht von einem Verwaltungsorgan sondern von einem privaten Zertifizierungsorgan geprüft wird. Dem liegt der Gedanke zugrunde, dass das Zertifizierungsorgan über eine Arbeitsprozessqualität verfügt, die es ihm erlaubt, den Antrag gegen den Bewertungsrahmen zu prüfen. Das Zertifizierungsorgan stellt sicher, dass die Kriterien für die Erteilung der Genehmigung erfüllt werden. Eine Prüfung durch ein Verwaltungsorgan ist somit nicht mehr nötig. Diese Form der Zertifizierung ersetzt de facto die staatliche Prüfung durch „private Selbstregulierung".

Die „Prüfung nach den Vorschriften des Baubeschlusses" (Niederländisch: Bouwbesluittoets, Englisch: Building Decree Assessment) ist ein Beispiel dafür, mit welcher Art von Zertifizierung derzeit experimentiert wird. Üblicherweise wurden Anträge auf Planungsgenehmigungen von der

17 Englisch: Housing Act

18 Englisch: Environmental Licensing Act

19 Vgl. Ira Helsloot und Arjen Schmidt, Risicoaansprakelijkheid als vervanging van overheidstoezicht in de bouw? (Unbeschränkte Haftung als Ersatz für staatliche Bauaufsicht?), CrisisLab, Juni 2012.

örtlichen Bauaufsicht gegen den Baubeschluss (Building Decree) geprüft[20]. Gegenwärtig finden Versuche statt, bei denen private Organisationen, welche die Qualitätsanforderungen eines bestimmten Zertifikats erfüllen, die Prüfung übernehmen. Inhaber eines solchen Zertifikats kann hierbei ein Architekt oder eine andere Art von Berater sein. Grundvoraussetzung ist jedoch, dass dieser objektive Qualitätsanforderungen erfüllt.

4.5 Rechtsvorschriften in Bezug auf die Bewirtschaftung von städtischen Infrastruktureinrichtungen und öffentlichen Räumen durch private Rechtssubjekte

Frage 3:
Gibt es Rechtsvorschriften, nach denen Privatunternehmen städtische Infrastruktureinrichtungen und öffentliche Räume bewirtschaften können? Beschränkt sich diese Gesetzgebung auf einzelne Infrastruktureinrichtungen und Räume oder bietet sie vielmehr den gesetzlichen Rahmen für die Bewirtschaftung ganzer Quartiere und anderer städtischer Bereiche durch Privatunternehmen? Ist die Bewirtschaftung dieser Quartiere oder Gebiete auf die Eigentümer- oder Anwohnervereinigungen begrenzt oder kann diese auch von Konzessionären oder privaten Wirtschaftsunternehmen übernommen werden? Wie garantiert die Gesetzgebung die kommunale oder öffentliche Kontrolle von Entscheidungen in Bezug auf die Bewirtschaftung?

Die Antwort lautet:
Es gibt lediglich ein Gesetz, das sich mit der privaten Bewirtschaftung von öffentlichen Räumen befasst. Dieses Gesetz bezieht sich auf Immobilien- und Standortgemeinschaften (sogenannte "Business Improvement Districts".) Es gibt kein Gesetz, das sich auf die private Bewirtschaftung von städtischen

20 Das Baudekret (Building Decree) enthält Vorschriften in Bezug auf Gebäude (und andere Bauwerke). Er enthält zahlreiche technische Vorschriften sowohl für den Bau von neuen Gebäuden als auch für bereits bestehende Gebäude. Die Vorschriften des Baudekrets beschreiben das zulässige technische Mindestniveau, das in Bezug auf Fragen wie Tragfähigkeit, Standfestigkeit, Feuerwiderstand, Be- und Entlüftung, Schallschutz, Energiestandard, barrierefreie Erschließung und die Mindestmengen an Tageslicht in sämtlichen Räumen erreicht werden muss.

Infrastruktureinrichtungen bezieht. Das Gesetz, das sich mit der privaten Bewirtschaftung von öffentlichen Räumen (hier: im Gebiet von Immobilien- und Standortgemeinschaften) befasst, ist auf einzelne Räume begrenzt. Es bietet keinen gesetzlichen Rahmen für die private Bewirtschaftung von ganzen Quartieren. Die Bewirtschaftung solcher öffentlichen Räume kann nur von denjenigen Unternehmen übernommen werden, deren Kunden diesen Raum nutzen. Die Unternehmen beauftragen ihrerseits ein privates Unternehmen mit der Bewirtschaftung der öffentlichen Flächen.

Das niederländische *Gesetz über (Versuche mit) Immobilien- und Standortgemeinschaften* (Niederländisch: Experimentenwet BI-zones) ist seit 2009 in Kraft. Innerhalb des klar festgelegten Gebietes einer Immobilien- und Standortgemeinschaft (niederländisch: Bedrijven Investeringszone) tätigen die ansässigen Unternehmer gemeinsame Investitionen, um so eine attraktive und sichere Geschäftsumgebung zu schaffen. Vorausgesetzt, es gibt ausreichende Unterstützung, werden alle Unternehmer gebeten, einen Beitrag zu leisten. Zu diesem Zweck erhebt die Kommunalbehörde eine Abgabe und zahlt die Einnahmen an einen Verein oder eine Stiftung, welche(r) dann die Aktivitäten im Namen der Unternehmer durchführt.

Die Aktivitäten einer Immobilien- und Standortgemeinschaft (ISG) sollen die der Kommunalbehörde ergänzen und umfassen z.B.:

- Verbesserung der Verkehrsinfrastruktur,
- Beschilderung,
- Grünanlagen,
- Abfallentsorgung,
- Beleuchtung,
- Reinigung,
- Wartung,
- Brandschutz,
- Entfernung von Graffiti,
- Erhöhung der Sicherheit durch Maßnahmen wie zusätzliche Sicherheitsüberwachung, Zäune und Videoüberwachungsanlagen.

Abschließend ist darauf hinzuweisen, dass ISG in den Niederlanden nicht weit verbreitet sind.

Neben den ISG gibt es in den Niederlanden noch weitere Beispiele für die private Bewirtschaftung von öffentlichen Stadträumen. Die Bewirtschaftung wird in diesen Fällen von privaten Konzessionären übernommen. Grundlage für die Arbeit der Konzessionäre sind *zivilrechtliche Vereinbarungen* mit den Gemeinden. Diese Situation ist durch keinerlei Gesetze reguliert.

Die Bewirtschaftung von öffentlichen Räumen durch private Konzessionäre ist manchmal Teil eines *vom Privatsektor geführten Stadtentwicklungsprojektes.* Hierbei handelt es sich um einen bestimmten Typ eines städtebaulichen Vertrages. Dies ist nicht die Sorte von städtebaulichen Verträgen, die in den Niederlanden am meisten zur Anwendung kommt. Auf Niederländisch wird die vom Privatsektor geführte Stadtentwicklung als „Konzession" bezeichnet. Eine Konzession kann wie folgt definiert werden:

„Bei der Entwicklung eines städtischen Raums ist eine Konzession eine Vertragsform mit klar vorausgesetzten (finanziellen) Vereinbarungen zwischen der öffentlichen und der privaten Vertragspartei. Die öffentliche Vertragspartei trifft hierbei eine bewusste Entscheidung, die Risiken, Einnahmen und Verantwortung für die Planentwicklung, die Vorbereitung des Landes, die Land- und Grundstückserschließung und möglicherweise auch die Realisierung des gesamten Entwicklungsplan an private Rechtssubjekte zu übertragen. Dies geschieht im Rahmen des zuvor festgelegten öffentlichen Auftrags, dessen Ziel die Schaffung einer effektiven und effizienten Rollen- und Aufgabenverteilung und eine klare Trennung der öffentlichen und privaten Verantwortlichkeiten ist."[21]

Konzessionen sind de facto Verträge für die *Entwicklung* eines städtischen Raums – nicht für die *Bewirtschaftung* von städtischen Räumen. Bei einigen wenigen Konzessionen dieser Art liegt auch die Verantwortung für die Bewirtschaftung des Gebietes beim Bauträger. In diesen Fällen ist der Bauträger ein Konzessionär, der ein Quartier bewirtschaftet. Je nach Vertrag dauert diese Verpflichtung einige Jahre, z.B. 5 Jahre lang. Während dieses Zeitraums übernimmt der Bauträger die Kosten für die Bewirtschaftung des städtischen Gebietes. Nach dieser Frist wird die Bewirtschaftung des Gebietes und insbesondere die Bewirtschaftung des öffentlichen Raums wieder von der Gemeinden übernommen.

---

21 Vgl. M.H.M. Gijzen, Zonder loslaten geen concessie: Inzicht in de recente toepassing van deze publiek-private samenwerkingsvorm in de Nederlandse gebiedsontwikkelingspraktijk met 'evidence-based' verbetervoorstellen (Doktorarbeit), Rotterdam: Master City Developer, 2009.

Wie bereits dargelegt, gibt es in den Niederlanden keine Gesetze über eine Beteiligung des Privatsektors an der Bewirtschaftung von städtischen Gebieten. Die Beteiligung von privaten Konzessionären im Fall einer vom Privatsektor geführten Stadtentwicklung („Konzession“) beruht ausschließlich auf zivilrechtlichen Verträgen zwischen dem Bauträger und der Gemeinde. Hieraus folgt, dass die Gewährleistung der kommunalen Kontrolle über Entscheidungen zur Bewirtschaftung bereits im Vertrag zwischen Bauträger/Konzessionär und Gemeinde festgelegt worden sein muss.

4.6 Schlussfolgerung: Perspektive der Planungsbefugnisse kommunaler Behörden

Im ersten Teil dieses Artikels wurde bereits dargelegt, dass die Beteiligung des Privatsektors an der Stadtentwicklungspraxis in den letzten Jahrzehnten in Folge der Neoliberalisierung und des angelsächsischen Einflusses zugenommen hat. Am Ende des Artikels muss nun die Schlussfolgerung gezogen werden, dass die Einbindung des Privatsektors in die *Praxis* der Stadtentwicklung in der Tat stark ist. Was jedoch die *Gesetzgebung* anbelangt, können wir keine starke Einbindung des Privatsektors erkennen.

Im öffentlichen Recht werden die Planungs-, Kontroll- und Durchsetzungsbefugnisse fast ausschließlich Verwaltungsbehörden übertragen. Gleichwohl müssen wir einsehen, dass der Staat sehr stark von den (Stadt) entwicklungsinitiativen des Privatsektors abhängt. Hier ein Beispiel: Angenommen ein kommunaler Bebauungsplan, der ein neues Wohngebiet enthält, würde vom Gemeinderat verabschiedet. Der Gemeinderat ist in der Tat berechtigt, dies zu tun. Wenn im Plan jedoch die Anforderungen des Bauträgers (beispielsweise) in Bezug auf Dichte, verfügbare Parkplätze und Wohnungstypen ignoriert werden, würde der Bauträger keinen Antrag auf Planungsgenehmigung stellen. Folglich würde der Wunsch der Gemeinde nur ein Stück Papier bleiben.

Man könnte also sagen, dass der Staat trotz weitreichender Befugnisse von den (Stadt)entwicklungsinitiativen des Privatsektors abhängig ist. Dies erklärt die Praxis, nach der Verhandlungen und zivilrechtliche Vereinbarungen zwischen der Gemeinde und den Bauträgern *vor* Beginn der Verfahren für einen Bebauungsplan nach öffentlichem Recht stattfinden. Folglich leiten kommunale Behörden in der Praxis Bebauungsplanverfahren fast immer nur dann ein, wenn *zuvor* eine zivilrechtliche Vereinbarung mit dem/den Bauträger(n) abgeschlossen wurde.

Die Vereinbarung soll zumindest Angaben über den finanziellen Beitrag des Bauträgers (unter anderem) zu den öffentlichen Anlagen im Entwicklungsgebiet (wie z.B. Infrastruktureinrichtungen und Abwassersystem) enthalten. Es ist jedoch üblich, dass die Vereinbarung noch mehr Bereiche umfasst und z.B. auch die auf dem Gebiet zu realisierende Bauaufgabe beschreibt. Nach Abschluss der Vereinbarung legt der Gemeindevorstand dem Gemeinderat einen Bebauungsplanentwurf vor, *der mit der zuvor abgeschlossenen Vereinbarung übereinstimmt*. Diese Art von Vereinbarungen trägt einen spezifischen Namen. Sie werden „Bebauungsplanvereinbarungen" (land-use plan agreements) genannt. Bebauungsplanvereinbarungen sind normalerweise Teil der Vereinbarung, die zwischen der Gemeinde und dem Bauträger abgeschlossen wird.

Diese Praxis allein wirft eine Reihe rechtlicher Fragen auf, z.B. in Bezug auf die *Stellungsnahmen* (Niederländisch: zienswijzen), die dem Gemeinderat von betroffenen Dritten vorgelegt werden und sich gegen den Bebauungsplanentwurf richten. *Formal gesehen* steht es der Gemeinde frei, Stellungnahmen gegen den Bebauungsplanentwurf zu würdigen. *Materiell gesehen* kann die Situation jedoch erheblich anders aussehen. Es wäre durchaus denkbar, dass die Gemeinde in Anbetracht des mit der privaten Vertragspartei zuvor abgeschlossenen Vertrages zum Bebauungsplan dazu neigt, solche Stellungnahmen zu verwerfen. Bregman und De Win haben über solche Situationen geschrieben: „Somit kann der Staat im Fall von Einwänden Dritter die Interessen nicht mehr objektiv abwägen; der Staat hat die Interessen bereits während der Verhandlungen mit dem/den privaten Partner(n) abgewogen.[22] Diese Anmerkung soll nicht implizieren, dass eine Gemeinde keine eigene klare Meinung zu einem städtischen Erschließungsvorhaben haben darf. Die Frage ist vielmehr, ob die Gemeinde, in Anbetracht der mit der/den dritten Vertragspartei(en) zu einem früheren Zeitpunkt geschlossenen Vereinbarung, (formal) noch ausreichend Freiheit

22 Vgl. A.G. Bregman und R.W.J.J. de Win, Publiek-private samenwerking bij de ruimtelijke inrichting en haar exploitatie („Die öffentlich-private Partnerschaft in der Raumplanung und ihre Entwicklung"), Bouwrecht Monografieën Nr. 26, Deventer (Kluwer), 2005, S. 97.

hat oder sich (materiell gesehen) noch frei genug fühlt, eine abweichende Meinung zu haben.

Im Großen und Ganzen relativieren also die geschilderten Umstände die umfangreichen Planungsbefugnisse der kommunalen Behörden.

Edward J. Sullivan

5. United States of America

The three questions posed in the Case may assume there is a national law to deal with the responses to those questions. The legal system in the United States is of a federal variety, with the national and state governments each allocated certain powers. By tradition, planning powers and urban infrastructure are matters for state and local governments. Although the federal government does have a role in these matters with regard to certain issues (the District of Columbia, territories, and federal facilities), the focus of this response will be state and local governments. Even given that focus, there is a variety of ways by which the three questions raised in the case are addressed. Moreover for variety sake, the responses to the questions will select from both everyday applications of the law in this area and from extraordinary applications, such as the long-term lease of public facilities in order to generate cash for municipal operating expenses.

The three questions, and an American response to each, are as follows:

5.1 Question 1

Is there legislation concerning the initiative and/or the drafting of zoning plans and other equivalent documents by private entities? What is the procedure in that legislation and does it guarantee municipal control of planning powers? How is public participation organized in this procedure?

a. <u>Process for Drafting of Plans and Regulatory Documents by Private Parties</u> – Most American local governments are small entities and may not be able to afford full-time planners or lawyers. In such cases, these entities seek to have this work done by private firms that specialize in these fields, usually through a public contracting process.

These public contracting laws differ from state to state. For purposes of discussion, the laws of Oregon are fairly typical. *See* Oregon Revised Statutes ("ORS") Chapters 279, 279A, 279B, and 279C at www.leg.state.or.us/ors/279.html, www.leg.state.or.us/ors/279a.html, www.leg.state.or.us/ors/279b.html, and www.leg.state.or.us/ors/279c.html respectively. Because the public contracting process aims to get the lowest price for the same product, that process is less effective when the product is professional services, such as the drafting of plans and regulatory provisions. Architectural, engineering, land surveying and "related services"[1] are exempted from the normal requirements for low bidding.[2] This exemption allows state and local governments to determine awards of professional services contracts without being limited to price considerations.

b. Public Participation – While exempt from strict price considerations, the Oregon public contracting process is subject to public records and public meetings requirements, so that the decision to award such a contract must be made in public and the traditional use of a scoring system provides for the transparency of the decision. The responsible state or local government agency is subject to public criticism if the basis for the decision appears flimsy.

5.2 Question 2

Is there legislation concerning the involvement of private entities in the control and enforcement of public zoning and building regulations? Are private entities only allowed to perform assessment tasks or can they issue development permits and take follow-up enforcement measures?

a. The Role of Private Entities in Control and Enforcement of Public Zoning and Building Regulations – Though legally possible (see above), most American local governments (states usually do not administer or

---

1 This term means:
Personal services, other than architectural, engineering and land surveying services, that are related to the planning, design, engineering or oversight of public improvement projects or components thereof, including but not limited to landscape architectural services, facilities planning services, energy planning services, space planning services, environmental impact studies, hazardous substances or hazardous waste or toxic substances testing services, wetland delineation studies, wetland mitigation studies, Native American studies, historical research services, endangered species studies, rare plant studies, biological services, archaeological services, cost estimating services, appraising services, material testing services, mechanical system balancing services, commissioning services, project management services, construction management services and owner's representative services or land-use planning services. ORS 279C.100(6).

2 ORS 279C.100 and. 115.

enforce zoning and building codes, but may provide inspection services under contract with the local government) either have their own staff for these matters or contract with another local government to do so.[3]

b. Assessment v. Issuance of Development Permits and Enforcement – The response is the same as in (a), except that, for enforcement purposes, the local government attorney is usually the person representing the local government in a court proceeding. Many local governments have found it easier to "decriminalize" violations of planning, building and zoning codes and provide for an administrative mechanism (i.e., administrative law judge, hearings officer or hearings examiner) to hear and decide such cases, in which event a code enforcement officer, whether a local government employee or under contract, may represent the interests of the local government. It also should be noted that the local government attorney and the non-judicial adjudicator are frequently not local government employees, but rather under contract.

5.3 Question 3

Is there legislation concerning the private management of urban infrastructures and public spaces? Is this legislation restricted to single infrastructures and spaces or does it provide a legal framework for the private management of entire neighborhoods and other urban areas? Is the management of those neighborhood and areas restricted to owners or

---

3 For example in Oregon, ORS 190.010 provides as follows:
A unit of local government may enter into a written agreement with any other unit or units of local government for the performance of any or all functions and activities that a party to the agreement, its officers or agencies, have authority to perform. The agreement may provide for the performance of a function or activity:
(1) By a consolidated department;
(2) By jointly providing for administrative officers;
(3) By means of facilities or equipment jointly constructed, owned, leased or operated;
(4) By one of the parties for any other party;
(5) By an intergovernmental entity created by the agreement and governed by a board or commission appointed by, responsible to and acting on behalf of the units of local government that are parties to the agreement; or
(6) By a combination of the methods described in this section.

neighbors associations or can concessionaires or other private commercial companies perform it? How does it guarantee municipal or public control of management decisions?

There are multiple questions for response. Before answering, it should again be noted that there are multiple possible responses to each of these sub-questions among the various states. No attempt has been made to survey these states on each sub-question. Many states adhere to "Dillon's Rule," derived from the writings of Justice John Forrest Dillon of Iowa, stating:

> *"[M]unicipal corporations owe their origin to, and derive their powers and rights wholly from, the legislature. It breathes into them the breath of life, without which they cannot exist. As it creates, so may it destroy. If it may destroy, it may abridge and control."*[4]

Where Dillon's Rule prevails, local governments must be authorized to undertake a given activity by the state legislature. Many states may authorize local governments to manage urban infrastructure and public spaces.

The alternative theory of local government in the United States is "home rule," by which a state, either through a state constitutional provision or by legislation, authorizes a local government to undertake the management and structure of that local government under its own supervision, often by way of a local "charter," which acts like a mini-constitution.[5] In that event, the local government may undertake decisions relating to local concerns without reference to state legislative authorization.

a. <u>Private Management of Urban Infrastructure and Public Spaces</u> – Assuming the local government is authorized under either Dillon's Rule or Home Rule it is authorized to contract with private entities or other units of state or local government to manage these facilities under the terms of applicable state or local law. The scope of those management agreements is limited only by that authorization and by political considerations. It might cover a specific facility, given facilities in a particular area, or all such facilities under City ownership. While it may be possible for private neighborhood associations to manage such facilities, this is not the typical situation, as almost all such arrangements require a stable partner that is

---

4 See the opinion of Justice Dillon in Clinton v. Cedar Rapids and the Missouri River Railroad, 24 Iowa 455, 1868).

5 Chester Antieau, Local Government Law (2nd ed., 2012).

familiar with such management and can deal with such issues as liability insurance, losses, and the like.

b. Public Control over Management Decisions – State or local governments may place "sideboards" or limitations on management decisions made while a private entity, neighborhood association, or other public entity manages one or more elements of urban infrastructure or public spaces. However, several considerations limit significant intervention in those management decisions.

First, because the management is done for monetary consideration, the possibility that government intervention would affect the amount of compensation due would make potential bidders more wary about participation.

Second, another reason for contracting for management of public infrastructure and open space is relief from liability (in that the public agency is no longer managing the facility and thus cannot be liable for damages). If the government were to be able to determine significant management decisions, this reason would not be met.

Thus, the norm is that local governments normally contract to divest their management of these facilities in return for money and, while limitations on that management may be imposed, significant intervention in that management is often precluded as a practical matter.

5.4 Other privatization considerations

Two articles from the September issue of *Planning and Environmental Law* are appended (with the permission of the publisher, the American Planning Association) and give additional perspectives to the issue of privatization.

The first article by Ellen Dannin, *Of Planning, Privatization and Accountability*, deals with evaluating prospective and existing privatization efforts and questions the use of those efforts as contrary to the public interest.

The second article by Matti Siemiatycki, *The Global Experience with Infrastructure Public-Private Partnerships*, speaks to the experience of these partnerships with regard to public facilities around the world. This article concludes that such partnerships are neither inherently positive nor negative, but their success is dictated by how they are structured, planned and delivered and how risk is allocated. These conclusions are equally applicable to privatization efforts generally.

Edward J. Sullivan

5. Vereinigte Staaten von Amerika

Den drei hier gestellten Fragen scheint die Annahme zugrunde gelegt, dass ein nationales Recht für die Beantwortung dieser Fragen besteht. Das Rechtssystem der Vereinigten Staaten ist föderaler Art, d.h. der Bundesregierung und den Regierungen der einzelnen Bundesstaaten werden jeweils bestimmte Befugnisse übertragen. Traditionell sind Planungsbefugnisse und städtische Infrastruktureinrichtungen Angelegenheit der Regierungen der Bundesstaaten und der Kommunalverwaltungen. Wenngleich die Bundesregierung in bestimmten Fragen eine Rolle auf diesem Gebiet spielt (Gebiet der Hauptstadt Washington als Bundesterritorium, die Territorien und US-Bundeseinrichtungen), so wird der Schwerpunkt dieses Artikels auf den Regierungen der Bundesstaaten und Kommunalverwaltungen liegen. Von diesem Schwerpunkt einmal abgesehen werden die drei Fragen auf verschiedene Art und Weise betrachtet. Damit ein möglichst vielfältiges Bild vermittelt wird, werden sich die Antworten auf die Fragen sowohl auf alltägliche Anwendungsbeispiele des Gesetzes auf diesem Gebiet als auch auf besondere Anwendungsbeispiele, wie die langfristige Verpachtung von öffentlichen Einrichtungen zur Generierung von Einnahmen für kommunale Betriebsausgaben, beziehen.

Es folgen die drei Fragen sowie deren Beantwortung aus US-amerikanischer Sicht:

5.1 Frage 1

Gibt es Rechtsvorschriften, nach denen private Rechtssubjekte die Initiative und/oder den Entwurf von Flächennutzungsplänen und ähnlichen Dokumenten übernehmen können? Welches Verfahren wird in diesen Rechtsvorschriften vorgegeben und garantieren diese Rechtsvorschriften eine kommunale Kontrolle der Planungsbefugnisse? Welche Art von Bürgerbeteiligung ist in diesem Verfahren vorgesehen?

a. Verfahren für den Entwurf von Plänen und rechtsetzenden Dokumenten durch private Rechtssubjekte – Bei den meisten US-amerikanischen Kommunalverwaltungen handelt es sich um kleine Behörden und möglicherweise können sich diese keine Vollzeitplaner oder -juristen leisten. Wenn dies der Fall ist, versuchen die Behörden, diese Arbeit an private Büros, die sich auf dieses Gebiet spezialisiert haben, zu vergeben. Dies geschieht normalerweise im Rahmen eines öffentlichen Auftragsvergabeverfahrens.

Die Gesetze für die öffentliche Auftragsvergabe unterscheiden sich von Bundesstaat zu Bundesstaat. Zur Erläuterung wird hier der Bundesstaat Oregon mit seinen recht beispielhaften Gesetzen ausgewählt. *Siehe* „Novellierte Gesetzessammlung des Bundesstaates Oregon" (*Oregon Revised Statutes*, „ORS"), Kapitel 279, 279A, 279B und 279C unter www.leg.state.or.us/ors/279.html, www.leg.state.or.us/ors/279a. html, www.leg.state.or.us/ors/279b.html und www.leg.state.or.us/ors/279c.html. Das öffentliche Auftragsvergabeverfahren zielt darauf ab, das gleiche Produkt für den geringstmöglichen Preis zu erwerben. Dieses Verfahren ist weniger effektiv, wenn es sich bei dem Produkt um eine professionelle Dienstleistung wie den Entwurf von Plänen oder Verwaltungsvorschriften handelt. Das übliche Prinzip, nach dem der günstigste Bieter den Zuschlag erhält, gilt (daher) nicht für Dienstleistungen im Bereich Architektur, Ingenieurwesen, Landvermessung und „verwandte Dienstleistungen".[1] [2] Diese Ausnahmeregelung erlaubt es den Regierungen der Bundesstaaten und

1 Der Begriff der „verwandten Dienstleistungen" steht für:
Persönliche Dienstleistungen, außer Architektur-, Ingenieur- oder Vermessungsleistungen, die mit der Planung, dem Entwurf, der technischen Bearbeitung und der Überwachung von öffentlichen Erschließungsprojekten oder Komponenten dergleichen verbunden sind, einschließlich, aber nicht begrenzt auf Leistungen der Landschaftsarchitektur, der Anlagenplanung, der Energieplanung und der Raumordnung, Umweltverträglichkeitsstudien, Leistungen in Bezug auf die Prüfung von Gefahrstoffen, Sondermüll oder Giftstoffen, Studien zur Abgrenzung von Feuchtgebieten, zu Ausgleichsmaßnahmen in Bezug auf Feuchtgebiete, Studien über die nordamerikanischen Ureinwohner, Leistungen der Geschichtsforschung, Studien zu gefährdeten Arten und seltenen Pflanzen, biologische und archäologische Leistungen, Kostenschätzungsleistungen, Erstellung von Gutachten, Leistungen auf dem Gebiet der Werkstoffuntersuchung, Leistungen im Zusammenhang mit Prüfung und Regelung von technischer Gebäudeausrüstung, Inbetriebnahmeleistungen, Projektsteuerungsleistungen, Objektüberwachung und Leistungen als Beauftragter des Eigentümers oder Bauleitplanungsleistungen (ORS 279C.100(6)).

2 ORS 279C.100 und. 115.

Kommunalverwaltungen, die Auftragsvergabe bei professionellen Dienstleistungen vorzunehmen, ohne dabei ausschließlich die Preisfrage berücksichtigen zu müssen.

b. Öffentlichkeitsbeteiligung – Wenngleich das öffentliche Auftragsvergabeverfahren in Oregon von strikten preislichen Erwägungen ausgenommen ist, so gilt hierfür jedoch die Anforderung öffentlicher Protokolle und Sitzungen. Das heißt, dass die Vergabeentscheidung für einen solchen Vertrag öffentlich getroffen werden muss. Traditionell gewährleistet die Verwendung eines Punktesystems die Transparenz der Entscheidung. Wenn die Entscheidungsgrundlage dürftig erscheint, ist die verantwortliche Behörde der Regierung des Bundesstaates oder der Kommunalverwaltung der öffentlichen Kritik ausgesetzt.

5.2 Frage 2

Gibt es Rechtsvorschriften, nach denen private Rechtssubjekte in die Überwachung und Durchsetzung von Bestimmungen bezüglich öffentlicher Flächennutzungsplanung sowie Bauvorschriften eingebunden werden können? Dürfen private Rechtssubjekte lediglich Bewertungsaufgaben übernehmen oder können sie auch Planungsgenehmigungen erteilen und nachfassende Durchsetzungsmaßnahmen ergreifen?

a. Die Rolle privater Rechtssubjekte bei der Überwachung und Durchsetzung von Bestimmungen bezüglich öffentlicher Flächennutzungsplanung sowie Bauvorschriften – Wenngleich dies rechtlich möglich ist (siehe oben), haben die meisten US-amerikanischen Kommunalverwaltungen entweder ihr eigenes Personal für diese Aufgaben oder schließen hierfür einen Vertrag mit einer anderen Kommunalverwaltung ab. (Die Bundesstaaten selbst befassen sich für gewöhnlich nicht mit der Durchführung oder Durchsetzung von Flächennutzungsplanungs- oder Bauvorschriften, können aber im Rahmen eines Vertrages mit der Kommunalverwaltung Prüfleistungen erbringen.)[3]

---

3 In Oregon enthält die „Novellierte Gesetzessammlung des Bundesstaates Oregon" (ORS) unter 190.010 beispielsweise folgende Bestimmungen:
Eine kommunale Verwaltungsabteilung kann eine schriftliche Vereinbarung mit einer beliebigen anderen Verwaltungsabteilung oder Verwaltungsabteilungen über die Ausübung einer beliebigen oder aller Funktionen und Tätigkeiten,

b. Evaluierung kontra Erteilung von Planungsgenehmigungen und Durchsetzung – Die Antwort auf diese Frage ist die gleiche wie unter (a). Eine Ausnahme bildet jedoch die Rechtsdurchsetzung. Vor Gericht wird die Kommunalverwaltung für gewöhnlich von ihrem Rechtsanwalt vertreten. Viele Kommunalverwaltungen halten es für einfacher, Verletzungen von Baugesetzbüchern, Bauvorschriften und Flächennutzungsplänen zu „entkriminalisieren" und haben eine verwaltungstechnische Möglichkeit (d.h. Verwaltungsrichter, Vernehmungsbeamte oder ein mit richterlicher Funktion ausgestatteter Beamter) geschaffen, um solche Fälle zu verhandeln und zu entscheiden. In diesem Falle kann ein Vollzugsbeamter, ganz gleich, ob es sich hierbei um einen Angestellten der Kommunalverwaltung oder eine vertraglich verpflichtete Person handelt, die Interessen der Kommunalverwaltung vertreten. Hierbei sollte angemerkt werden, dass es sich beim Rechtsanwalt und dem nichtrichterlichen Sachverständigen der Kommunalverwaltung oftmals nicht um Angestellte der Kommunalverwaltung sondern meist um vertraglich verpflichtete Personen handelt.

5.3 Frage 3

Gibt es Rechtsvorschriften, nach denen Privatunternehmen städtische Infrastruktureinrichtungen und öffentliche Räume bewirtschaften können? Beschränkt sich diese Gesetzgebung auf einzelne Infrastruktureinrichtungen und Räume oder bietet sie vielmehr den gesetzlichen Rahmen für die

---

zu der eine Vertragspartei, ihre Beamten oder Dienststellen berechtigt sind, abschließen. Die Vereinbarung kann die Ausübung einer Funktion oder Tätigkeit wie folgt vorsehen:

(1) durch Zusammenlegen einer Abteilung;
(2) indem gemeinsam Verwaltungsbeamte zur Verfügung gestellt werden;
(3) durch Anlagen oder Ausrüstung, die gemeinsam errichtet, gepachtet oder betrieben werden oder sich im gemeinsamen Besitz befinden;
(4) durch eine der Parteien für eine andere Partei;
(5) durch ein zwischenstaatliches Rechtssubjekt, das durch die Vereinbarung begründet wurde und durch ein Gremium oder eine Kommission geleitet wird, welches von den kommunalen Verwaltungsabteilungen, die Vertragsparteien sind, besetzt wurde, den Verwaltungsabteilungen unterstellt ist und im Namen der Verwaltungsabteilungen handelt oder
(6) durch eine Kombination der in diesem Abschnitt beschriebenen Verfahren.

Bewirtschaftung ganzer Quartiere und anderer städtischer Bereiche durch Privatunternehmen? Ist die Bewirtschaftung dieser Quartiere oder Gebiete auf die Eigentümer- oder Anwohnervereinigungen begrenzt oder kann diese auch von Konzessionären oder privaten Wirtschaftsunternehmen übernommen werden? Wie garantiert die Gesetzgebung die kommunale oder öffentliche Kontrolle von Entscheidungen in Bezug auf die Bewirtschaftung?

Es handelt sich hierbei um eine Vielzahl von Fragen. Vor Beantwortung der Fragen soll noch einmal darauf hingewiesen werden, dass die einzelnen Teilfragen je nach Bundesstaat unterschiedlich beantwortet werden können. Es wurde hier nicht versucht, die einzelnen Teilfragen für jeden Bundesstaat zu betrachten. Viele Bundesstaaten verfahren nach der „Dillon-Regel", die sich von den Schriften des Richters John Forrest Dillon (Iowa) ableitet.

> *„Die kommunalen Körperschaften verdanken ihre Existenz dem Gesetzgeber. Dieser verleiht ihnen ihre gesamten Rechte und Befugnisse und erfüllt sie mit dem Hauch des Lebens, ohne den sie nicht existieren können. Wo er schöpfend wirkt, kann er auch Zerstörung bringen und wo dieser zerstört, kann er auch einschränkend und kontrollierend wirken.*[4]

In den Bundesstaaten, in denen die Dillon-Regel sich durchgesetzt hat, müssen die Kommunalverwaltungen durch die Legislative des Bundesstaates zur Durchführung einer bestimmten Tätigkeit berechtigt sein. In vielen Bundesstaaten sind die Kommunalverwaltungen berechtigt, städtische Infrastruktureinrichtungen und öffentliche Räume zu verwalten.

Die Alternative zur oben genannten Theorie der kommunalen Verwaltung in den Vereinigten Staaten wird als „Selbstverwaltung" ("home rule") bezeichnet. Die Selbstverwaltung besagt, dass ein Bundesstaat, entweder durch eine bundesstaatliche Verfassungsbestimmung oder durch die Gesetzgebung, eine Kommunalverwaltung berechtigt, die Verwaltung und die Struktur dieser Kommunalverwaltung zu übernehmen und unter ihre eigene Aufsicht zu stellen. Dies geschieht oft in Form einer kommunalen „Charta", die wie eine kleine Verfassung funktioniert.[5] In diesem Fall

---

4 Siehe die Urteilsbegründung des Richters Dillon in der Sache Clinton gegen Cedar Rapids und die Missouri River Railroad, 24 Iowa 455, 1868.

5 Vgl. Chester Antieau, Kommunalrecht (Local *Government Law*, 2. Aufl., 2012).

kann die Kommunalverwaltung Entscheidungen in Bezug auf kommunale Angelegenheiten ungeachtet einer Ermächtigung durch die bundestaatliche Legislative treffen.

a. Bewirtschaftung von städtischen Infrastruktureinrichtungen und öffentlichen Räumen durch private Rechtssubjekte – Nehmen wir nun an, dass die Kommunalverwaltung entweder gemäß der Dillon-Regel oder im Rahmen der Home Rule (Selbstverwaltung) dazu ermächtigt wurde, mit privaten Rechtssubjekten oder anderen bundesstaatlichen oder kommunalen Regierungsstellen einen Vertrag über die Bewirtschaftung dieser Einrichtungen in Übereinstimmung mit den entsprechenden bundesstaatlichen oder kommunalen Gesetzen zu schließen. Der Umfang dieser Bewirtschaftungsverträge wird nur von dieser Ermächtigung und politischen Erwägungen begrenzt. Der Vertrag kann sich auf eine bestimmte Einrichtung, bestimmte Einrichtungen in einem bestimmten Gebiet oder auf alle sich im Besitz der Stadt befindlichen Einrichtungen dieser Art beziehen. Wenngleich eine Bewirtschaftung solcher Einrichtungen durch private Anwohnervereinigungen möglich wäre, kommt dies nur selten vor. Dies liegt daran, dass die meisten dieser Vereinbarungen eines stabilen Partners bedürfen, der sich mit einer solchen Bewirtschaftung auskennt und mit Angelegenheiten wie Haftpflichtversicherung, Schadensersatz etc. umgehen kann.

b. Öffentliche Kontrolle von Entscheidungen in Bezug auf die Bewirtschaftung – Die Regierungen der Bundesstaaten oder die Kommunalverwaltungen können einen gewissen „Spielraum" oder Grenzen für diejenigen Entscheidungen vereinbaren, die von privaten Rechtssubjekten, Anwohnervereinigungen oder anderen öffentlichen Rechtssubjekten in Bezug auf die Bewirtschaftung von einem oder mehreren Elementen der städtischen Infrastruktur oder von öffentlichen Räumen getroffen werden. Es gibt jedoch eine Reihe von Gründen, die weitreichende Interventionen in solche Entscheidungen einschränken.

Erstens: Die Bewirtschaftung wird vom privaten Rechtssubjekt aus finanziellen Gründen übernommen. Die Tatsache, dass eine Intervention durch den Staat die zustehende Vergütung schmälern könnte, hält eventuell potentielle Auftragnehmer von einer Teilnahme an der Ausschreibung ab.

Zweitens: Ein weiterer Grund für die Vergabe von Bewirtschaftungsaufgaben bei städtischen Infrastruktureinrichtungen und öffentlichen Räumen ist die Befreiung des Staates von der Haftung. (Da die staatliche Behörde die Einrichtung nicht mehr verwaltet, haftet sie auch nicht mehr für Schäden.) Wenn der Staat in der Lage wäre, weitreichende Entscheidungen in Bezug auf die Bewirtschaftung zu treffen, wäre diese Voraussetzung nicht mehr erfüllt.

Daher ist es für gewöhnlich so, dass die Kommunalverwaltung einen Vertrag abschließt, um im Austausch für Geld die Verwaltung dieser Einrichtungen aufzugeben. Wenngleich der privaten Vertragspartei Auflagen in Bezug auf die Bewirtschaftung gemacht werden können, so werden weitreichende Eingriffe in der Praxis doch oft von vornherein ausgeschlossen.

5.4 Weitere Überlegungen zum Thema Privatisierung

Es werden (mit Erlaubnis des Herausgebers, der "American Planning Association") zwei Artikel der September-Ausgabe der Zeitschrift *"Planning and Environmental Law"* („Planungs- und Umweltrecht") beigelegt, die weitere Perspektiven zum Thema Privatisierung eröffnen.

Der erste Artikel *"Of Planning, Privatization and Accountability"* („Über Planung, Privatisierung und Rechenschaftspflicht") ist von Ellen Dannin und behandelt die Evaluierung von zukünftigen und gegenwärtigen Privatisierungsanstrengungen und prüft, inwieweit diese Anstrengungen dem öffentlichen Interesse entgegenstehen.

Der zweite Artikel, *"The Global Experience with Infrastructure Public-Private Partnerships"* („Globale Erfahrungen mit öffentlich-privaten Partnerschaften im Bereich Infrastruktur") stammt von Matti Siemiatycki und berichtet über die Erfahrungen, die weltweit mit diesen Partnerschaften bei der Bewirtschaftung von öffentlichen Einrichtungen gemacht wurden. In diesem Artikel wird die Schlussfolgerung gezogen, dass solche Partnerschaften weder von Natur aus positiv noch negativ sind, ihr Erfolg jedoch davon abhängt, wie sie strukturiert/geplant sind und durchgeführt werden und wie das Risiko verteilt ist. Diese Schlussfolgerungen können genauso auch auf Privatisierungsanstrengungen im Allgemeinen bezogen werden.

Tim Schwarz

III. Privatization of Planning and Urban Infrastructure – Comparative Review

Question 1

> Does legislation allow private entities to initiate and/or draft urban land-use plans and other equivalent documents?

The question of the existence of legislation concerning the initiation and/or drafting of urban land-use plans and other similar documents by private entities is linked to the practical adaptation of these tasks. A survey of the following countries showed that draft plans are drawn up by private entities.

Responses from the United States do not include any explicit statements on the existence of legislation that allows tasks relating to the process of initiating or drafting plans and other equivalent documents to be transferred to private entities. Such allocation, however, is permitted by legislation on public procurement procedures, in which urban land-use planning services are also included under 'related services'.

In the Netherlands, contracts for drawing up urban land-use draft plans can be allocated to public entities. Draft plans can be drawn up by private urban planning consultants, as well as by public private companies. Although they are not mentioned in the relevant legislation, private entities therefore already play an important role in planning processes in the Netherlands.

Legislation in Denmark, Germany and Greece allows public entities to draw up urban land-use plans. It is important to distinguish whether transferral involves outsourcing planning tasks with private planning experts not only providing professional assistance but also drawing up draft plan, or whether procedural steps further up- or downstream are performed by private entities. In particular:

- Greece: the legal framework for transferring the preparation of a draft urban land-use plan from a local authority to a private planning office (cf. p.78) is provided by the public procurement law.
- Denmark: the possibility of a local authority asking a private entity to provide professional assistance in the form of plans, draft proposals, etc. when drawing up a draft plan is complemented by the development agreement pursuant to Article 21b of the Planning Act.
- Germany: the legal basis for delegating tasks in connection with the preparation of urban land-use plans to private entities is the German Federal Building Code (BauGB). Section 4b BauGB provides the legal basis for transferring the preparation of urban land-use plans, as well as for implementing the procedure of preparing and amending urban land-use plans. In addition, special instruments for the cooperation with private entities are the urban development contract pursuant to Section 11 BauGB, and the project and infrastructure plan pursuant to Section 12 BauGB.

Planning authority in each of the countries surveyed is always the respective city or municipality. In planning practice, however, private entities are given the opportunity to take the initiative for an urban land-use plan. In this respect, suggestions for initiating a procedure to establish an urban land-use plan often come from third parties like land owners or project developers.

> Which procedure is specified in the respective legislation and does the legislation ensure planning responsibility remains with the municipal authority?

In the countries included in the survey it is evident that responsibility for the entire planning process generally lies with the municipality. It encompasses the formal initiation, as well as conclusion of the planning procedure. This is underlined by the requirement that cities and municipalities take the final decision and approve or permit a plan. Existing planning legislation is increasingly being extended to include legal instruments, especially contracts, for developing specific projects initiated by investors, property developers or landowners.

In the Netherlands, preparation of the draft plan is included in regular planning procedure, irrespective of the involvement of a private entity. The draft plan merely requires municipal executive board approval prior to being processed, and becomes legally binding through a final decision by the municipal council.

In Greece, the general urban plan (GUP) and the town plan are both subject to the same planning preparation procedure, irrespective of the involvement of private third parties. If preparation of the draft plan is delegated to a private third party, the technical standards for content development and the legal regulations for the formal planning procedures apply equally. Authority for establishing a plan lies with the municipality or the Ministry of Environment, Energy and Climate Change. Irrespective of whether the draft plan is created by a private third party, municipality or ministry, the plan undergoes the respective procedural steps including, in particular, public participation. In addition, there are special land-use instruments are that allow the private development of an area's infrastructure for residential, tourist, commercial or industrial purposes (see Table 3, pp. 78–79). In such case, initiation is by a private property developer, who is required to obtain official approval to develop the area's infrastructure. Following application for approval, a detailed land-use plan is then prepared by a private property developer. All applicable technical standards must be fulfilled when preparing the plan. Finally, the binding land-use plan requires governmental approval to become legally effective.

In Denmark the preparation procedures for an urban or local plan – irrespective of whether the draft plan was prepared by private entities or not – includes the decision by the municipal authority to prepare such a plan, preparation of the draft plan by either the municipality or a third party, public participation and the final decision on, and adoption of, the plan by the local council.

In certain circumstances a landowner can be given the opportunity to initiate projects, including the preparation of local plans, in a development agreement pursuant to Article 21b of the Planning Law. A development agreement can only be concluded between a local council and the owner of an area designated in the local land plan as being for the purpose of urban, weekend-home or rural development. This generally serves to accelerate the planning process. In such case, the initiative lies entirely with the private third party. The report accompanying the respective local draft plan must coherently describe the connection between the content and formation of the local draft plan provisions and the development agreement. The issue of whether the authority, which acts as a private party under a development agreement, is strictly bound by administrative law and official procedural requirements, is not conclusively resolved. As noted above, further procedural steps also include public participation, as well as the final decision on and approval of the plan by the local council. By reason of the planning autonomy of the local-authority, the municipality is not only authorized to take the final decision on, and approve the urban land-use plan in the local council, it is also entitled to formulate specific conditions within the development agreement.

In Germany, the preparation or amendment of urban land-use plans is subject to the procedure specified in the building code. This includes the two-phase involvement of the authorities and the general public in the decision to prepare or amend the plan, as well as the final decision on the plan by the municipal authority (cf. Table 1, p. 48). By means of an urban development contract pursuant to Section 11 Federal Building Code, a number of further services can also be agreed between a private third party and the municipality in its function as responsible planning authority. These can include, e.g. the preparation of urban land-use plans, including an environmental report, or the assumption of follow-on costs for developing the infrastructure.

A further special instrument for involving private third parties is the project and infrastructure plan pursuant to Section 12 of the Federal Building Code. This urban land-use plan provides planning permission for a specific project and comprises three components: the project sponsor (private third party) specifies the plan in a project and infrastructure plan; project sponsor commits to implementing the plan in an agreement of implementation (urban development contract) between the municipality and project sponsor; the municipal authority provides the basis for legal planning requirements for project approval in a project-related, binding land-use plan.

In addition to their basic planning autonomy, the municipality is also solely responsible for the decisions to prepare or amend the urban land-use plan, as well as for its final adoption. An obligation to prepare the urban land-use plan cannot arise from a contract.

How is public participation organized in this procedure?

Generally speaking, public participation is required in all five of the countries surveyed. In the individual countries, however, the nature, scope, time and importance of public participation differs.

Differences begin with the United States, where public 'participation' when awarding contracts to private entities to transmit information is subject to the transparency requirement. In Germany, where, in addition to early public participation (Section 3 Abs. 1 BauGB), the general public can also participate in connection with binding land-use plan drafts (Section 3 Abs. 2 BauGB) to allow a full investigation and assessment of the impact of planning, they include two-phase public participation in planning preparation procedures. In the Netherlands, the general public has the status of 'interested party' and can participate in the preparation of a binding land-use plan (Article 3.1.6. Spatial Planning Regulation), give its opinions on the binding land-use plan draft (Article 3.8. Abs. 1 spatial planning regulation) and raise objections against a plan to be adopted by the municipal authority (General Administrative Law.)

There are also formal differences in procedures for public participation. These concerns, for example, time limits for participation. Thus, the participation process in Denmark involves at least an eight-week period. In Germany, drafts of land-use plans must be publically displayed for one month. Public participation in Greece takes place in the form of an open-day or public hearing to ensure the general public has an opportunity to express its opinions on the respective draft prior to approval. Public participation in EU-member states is part of the strategic environmental assessment and environmental impact assessment, unless this has not been integrated into planning preparation procedure. If public participation is included in the respective procedure, it must generally involve both the preparation and amendment of a plan.

Only Germany and Denmark have provided information on the responsibility of implementing public participation. In Denmark, the local council is responsible for implementing public participation. In Germany, however, a private third party can also be assigned responsibility for assuring public participation by means of the urban land-use plan procedure. In this case, the private third party takes on the role of administrative agent. The municipality remains responsible to the outside world.

Conclusion

In summary, it was found that when municipal planning authorities regulate their own affairs under the laws this always involves a basic responsibility for the preparation and amendment of urban land-use plans. The countries surveyed generally involve the private sector in the legal preparation and practical implementation of land-use plan procedures to varying degrees. Common to all surveyed countries is their decision to initiate a procedure. This first formal planning step is always initiated by the towns and cities. It was also found that there was a common tendency to strengthen the involvement of private third parties. Thus, in recent years, what were once communal tasks are now being outsourced to private entities. Responses from the separate countries also show that the respective municipality is specifically responsible for land-use planning, thus ensuring planning responsibility is always under municipal control.

Responses from the separate countries show a trend in the legislation toward the privatisation of planning tasks and, consequently, in planning practice. The main reason for this is the limited urban-planning personnel available to local governments. Instead, limited personnel coupled with complex planning tasks results in the frequent outsourcing of such tasks. Private sector participation in urban development is mostly at the level of substantiating development planning – and therefore for specific projects. In this field private third parties are increasingly being given the opportunity to realise projects by initiating land-use planning. Arrangements for transferring tasks differ in the countries involved. Whereas this aspect is not explicitly named in the legislation of some countries, in others legislation already specifically provides for the involvement of private third parties and, in some cases, specific tools are already available. Thus, while a clear trend towards privatisation is already evident, the degree of formal structures for legal provisions varies.

Question 2

> Is there legislation regarding the involvement of private entities to monitor and enforce public zoning and building regulations?

In the United States, legal provisions allow the private sector to be involved in monitoring, enforcing and implementing urban land-use plans and building regulations. In theory, as explained in question 1, transfer is through a public contract awarding procedure. In practice, however, tasks are usually executed within the municipality or are subcontracted to other local governments.

In Germany, in this regard, a distinction must be made between planning law and building regulations law. Planning law allows the participation of private third parties in the both development of draft plans, as well as the implementation of plan preparation procedures.

However, the final decision, and therefore ultimate responsibility for the decision, lies with the municipality. Similarly, the task of monitoring compliance with urban land-use plan requirements is a sovereign function that cannot be transferred to private entities. In respect of planning execution, a plan realization contract (urban development contract) could specify that a private third party commit to erecting a physical structure, to using a physical construction or property in a specific way, or to taking measures to compensate interventions in nature and landscape.

> Are private instances only entitled to perform assessment tasks or can they also issue development permits and specify follow-on measures for their implementation?

In the United States, the private sector is granted a legal option to this effect, whereby in practice, municipalities generally regulate such matters themselves. The exception, however, is the legal enforcement. In this case, the interests of the local government are represented by a lawyer and an expert, who are not usually government employees but are bound by contract.

In Germany, the task of reviewing and, in particular, granting building permits is the responsibility of the state and performed by the building regulation authority. This may not be transferred to a private third party.

In Greece, the task of monitoring and enforcing the provisions of public land-use plans and building regulations, as well as granting, monitoring and reviewing building permission is traditionally a government tasks. The adoption of law nr. 4030/2011, in particular Articles 10–15, requires the clear separation of authority and functions. Municipal building departments are responsible for granting permits, whereas reviews are carried out by certified, independent, private inspectors working under the supervision of the Ministry of Environment.

In the Netherlands there are no laws for involving private entities to monitor and enforce the provisions of public land-use plans and building regulations. It is clearly set out that private entities do not possess the authority to grant planning permission or define enforcement measures. The tasks of issuing planning permission (Law of Environmental Permits, Art. 2.4), as well as taking implementation monitoring and enforcement measures (Housing Act, Article 92 and Law on Environmental Permits, Article 5.2) are the responsibility of the respective authority. In practice, tasks are already being transferred to private entities. Applications for planning permission, e.g. are being considered by private certification bodies in accordance with building decision requirements. The government is also currently considering privatising monitoring and enforcement measures.

In Denmark, there is currently no extended trend to privatisation, despite the 2007 local government reform that transferred responsibility for regional planning and rural area management to the municipal authorities. Neither have any explicit statements been issued on the legitimacy of private entities for assuming monitoring and enforcement, or evaluation and authorization tasks.

Conclusion

Varying degrees of participation by private entities in implementing land-use planning and enforcing building regulations is found in the municipal and state planning practices of the surveyed countries. In this context, legislations only regulate the possibility of involving the private sector to a minor extent. Rather, they emphasise the fact that the sovereign powers of municipal authorities generally preclude the transfer of tasks to private third parties.

However, privatisation trends can be identified to the extent that governmental monitoring of compliance to public building regulations is reduced in favour of increasing client responsibility. At the same time, this also involves the simplification and acceleration of permission procedures. A tendency to privatisation can also be observed in the field of environmental services, as well as in monitoring and enforcement measures.

Question 3

Is there any legislation for the private management of urban infrastructures and public spaces? Is this legislation restricted to individual infrastructures and spaces or does it provide a legal framework for the private management of entire neighbourhoods and other urban areas?

Is the management of those neighbourhoods and areas restricted to owners or resident associations or can this be performed by licence holders or other private commercial companies?

In the countries surveyed, urban infrastructures or public space are generally managed by private companies. The legal regulations and the resulting practical applications differ. The transfer of management responsibilities takes place in the framework of Public-Private-Partnerships (PPP), Business Improvement Districts (BID) or Housing Improvement Districts (HID), as well as in connection with land-use planning. Contracts are an important element of this process, on the one hand as management contracts to transfer the management of a facility completely to a private company and, on the other, as public contracts that can contribute to the partial privatisation of tasks. Differences can also be found in relation to the spatial and personnel limitation of management tasks. Generally speaking, municipal monitoring or municipal sovereign responsibility always remains in the municipality and is only rarely transferred to the private sector.

In the United States, authorisation to contract with private entities to manage urban infrastructures or public spaces is provided by 'Home Rule'.

The contents of management contracts must comply with federal state and local laws. The management contract may relate to a particular facility, specific facilities in an area or all facilities of its kind owned by the city. In addition, private entities, resident associations or other public entities can also manage one or more urban infrastructure facilities or public spaces.

In Denmark, general legislation on urban infrastructure facilities such as electricity, heating, water, sewage and roads provides the legal basis for private companies to manage such facilities. In the field of thermal heat, for example, the community is generally responsible for planning the district heating system, whereas smaller combined heat and power plants are frequently owned by clients and larger system by one or more municipalities. Public-private cooperation usually refers to specific tasks, such as cleaning schools, and combines process guidelines for such projects. These are based on guidelines that allows the utilisation of the core competencies of the authority or private contractor.

In Germany, collaboration between the public and private sector is possible, particularly in the areas of sewage treatment, waste management and the construction and maintenance of roads or public buildings. In this case, the legal basis is provided by respective specialist legislation, such as the Water Cycle Act or Waste Management Act. From a spatial perspective, infrastructural public services consistently relate to the entire municipality and in the case of construction plans often to individual projects, whereas Public-Private-Partnership projects for the development of an entire district are generally the exception. The national legal framework for involving private initiatives in urban development projects is given in Section 171f BauGB. In addition, some federal states also have supplementary and detailed legislation relating to Business Improvement District (BID). A BID development district is generally defined in a municipal decision. Municipal monitoring powers are assured by the decision to limit space, the location concept – which encompasses proposed locational measures and must comply with municipal urban development goals – and a service contract under public law, in which the rights and obligation of contractors and the municipality are defined.

In the Netherlands, there is no legislation relating to the private management of urban infrastructures. However, in addition to designated BIDs, there are also a number of other examples of privately managed public spaces. Thus, the municipality can enter into a civil law agreement with a licenced developer to manage public roads. The private management of public areas – Business Improvement Districts – is dealt with in legislation relating to (experiments with) real estate and business associations (Experimentenwet BI-Zones 2009. These areas are limited to individual spaces and exclude the management of entire neighbourhoods. BIDs may only be managed by local companies whose costumers use the area. In practice, these companies then delegate the management of such areas to private enterprises.

In Greece, the management of public spaces and entire urban areas is generally considered to be a state obligation. However, responsibility is structured according to the type of planning approval for the area. Thus, municipalities are responsible for the cost, care and maintenance of public facilities in areas for which a state-initiated urban land-use plan has been approved. This does not apply to areas with approval for a private land development project. In this case, the private developer can be obliged to assume the maintenance costs of the respective public facility. Management of the public space, however, remains the responsibility of the municipal authority.

A new approach to urban area management is currently being presented in planning legislation relating to the privatisation of state land. The concept not only includes the transfer of responsibility for all planning, infrastructure and construction process costs to the private investor, but also the assumption of management costs for the entire area, including its infrastructure facilities and public spaces. It limits the government's role to the issuance of planning permission and approval for infrastructure measures.

How does legislation ensure the municipal or public supervision of management decisions?

In the United States, state or local governments can agree limits for management decisions by private companies. Contracts can be subject to certain conditions. Far-reaching interventions that could cause financial disadvantage or free the state of its liability for the respective institution in the context of the management contract, are excluded at the outset.

Danish authorities cannot delegate to a private contractor the responsibility for matters that are the responsibility of the public authority. This is also clearly stated in the development agreement. Whereas, on the one side, this allows private entities to build infrastructure projects that are primarily municipal tasks, it also stresses that fact that maintenance remains the responsibility of the municipality and cannot be delegated to a private entity.

Responses from the Netherlands specifically note that, if a licence holder is involved, the contract between the developer/licence holder and the municipality must contain a provision establishing the responsibility of the public authority for management decisions.

Conclusion

The five countries transfer management responsibilities for urban infrastructure facilities and public spaces to private entities to varying degrees. The trend toward the privatisation of management tasks is always the result of financial and economic considerations. Repeated mention is also made of the necessity of ensuring public services, as well as environmental protection.

There is no common position on existing legislation or the creation of instruments and options with which to involve the private sector. There are a number of differences in respect of legislation in the individual countries. Starting with uniform legislation at state level and additional concretization at federal-state level, the designation of special areas (BID/HID) – where jurisdiction can be transferred –, the possibility of public-private cooperation in the framework of Public-Private-Partnership, through to the type of planning procedure, differences also include the transferability of powers and responsibilities, as well as spatial and personnel resources.

It is, however, generally assumed that the privatisation of general tasks does not encompass the transfer of responsibility for the public authority's sovereign tasks. Only in the USA is it possible to transfer management tasks, and therefore responsibility for the respective object, to a private entity. The associated exemption from municipal liability is also always accompanied by the limitation of powers of intervention. As this is the exception, however, municipal supervision is ensured by limiting the transfer possibilities.

Tim Schwarz

III. Privatisierung von Planung und städtischen Infrastrukturen – Vergleichende Betrachtung

Frage 1

Gibt es Rechtsvorschriften, nach denen private Rechtssubjekte die Initiative und/oder den Entwurf von Bauleitplänen und ähnlichen Dokumenten übernehmen können?

Die Frage nach dem Vorhandensein von Rechtsvorschriften, nach denen private Rechtssubjekte die Initiative und/oder den Entwurf von Flächennutzungsplänen und ähnlichen Dokumenten übernehmen können, ist verknüpft mit der Übernahme dieser Aufgaben in der Praxis. Hierbei zeigt sich bei den befragten Ländern, dass die Erstellung von Planentwürfen durch private Rechtssubjekte erfolgt.

Die Antworten aus den Vereinigten Staaten enthalten keine expliziten Ausführungen dazu, ob Rechtsvorschriften existieren, die die Übertragung von Aufgaben im Prozess der Initiierung oder des Entwurfs von Plänen und rechtssetzenden Planungsdokumenten an private Rechtssubjekte gestatten. Allerdings ermöglicht das Gesetz zum öffentlichen Auftragsvergabeverfahren, welches über den Begriff „verwandte Dienstleistungen" auch Bauleitplanungsleistungen einschließt, auch eine Vergabe dieser Aufgaben.

In den Niederlanden ist die Vergabe von Aufträgen zur Erstellung von Entwürfen von Bebauungsplänen an private Rechtssubjekte möglich. Die Erstellung des Planentwurfs kann sowohl durch private Beratungsunternehmen für Stadtplanung und Städtebau als auch einen Bauträger oder gemischtwirtschaftliche Unternehmen erfolgen. Somit übernehmen private Rechtssubjekte bereits eine wichtige Rolle im Planungsprozess der Niederlande, obgleich diese nicht in den entsprechenden Rechtsvorschriften erwähnt werden.

In Dänemark, Deutschland und Griechenland gibt es Rechtvorschriften, nach denen private Rechtssubjekte die Ausarbeitung von Bauleitplänen übernehmen können. Dabei ist zu unterscheiden, ob es sich bei der Übertragung um eine Auslagerung von Planungsaufgaben handelt und private Planungssachverständige unter anderem fachliche Hilfe leisten und den Bauleitplanentwurf erstellen oder weiterführende vor- oder nachgelagerte Verfahrensschritte von privaten Rechtssubjekten durchgeführt werden. Im Einzelnen:

- Griechenland: Die gesetzliche Rahmenbedingung für die Übertragung der Erstellung des Entwurfs eines Bauleitplans von einer kommunalen Behörde an ein privates Planungsbüro ist im Gesetz über das öffentliche Vergabeverfahren vorgegeben (vgl. S. 78).
- Dänemark: Die Möglichkeit zur Anforderung von fachlicher Hilfe in Form von Planzeichnungen, Textentwürfen usw. von privaten Rechtssubjekten durch die Gemeinde im Prozess der Erstellung eines Planentwurfs wird durch den Entwicklungsvertrag nach Art. 21b Planungsgesetz ergänzt.
- Deutschland: Im Baugesetzbuch (BauGB) werden die Möglichkeiten zur Übertragung von Aufgaben im Rahmen der Aufstellung von Bauleitplänen an private Rechtssubjekte gesetzlich geregelt. § 4b BauGB bildet die gesetzliche Grundlage für die Übertragung der Ausarbeitung von Bauleitplänen und zur Durchführung des Verfahrens zur Aufstellung oder Änderung von Bauleitplänen. Darüber hinaus sind die städtebaulichen Verträge nach § 11 BauGB sowie der Vorhaben- und Erschließungsplan nach § 12 BauGB spezielle Instrumente zur Kooperation mit privaten Rechtssubjekten.

Die Befugnis für die Planaufstellung liegt bei den untersuchten Ländern grundsätzlich bei den Städten und Gemeinden. In der Planungspraxis wird privaten Rechtssubjekten jedoch die Möglichkeit eingeräumt, die Initiative für einen Bauleitplan zu ergreifen. Insofern erfolgt die Anregung zur Initiierung eines Verfahrens zur Aufstellung eines Bauleitplans oftmals auch durch private Dritte, wie z. B. dem Grundstückseigentümer oder einem Projektentwickler.

Welches Verfahren wird in diesen Rechtsvorschriften vorgegeben und garantieren diese Rechtsvorschriften eine kommunale Kontrolle der Planungsbefugnisse?

Es ist einheitlich in den befragten Ländern zu erkennen, dass der gesamte Planungsprozess grundsätzlich in der Verantwortung der Gemeinde liegt. Dies umfasst sowohl die formale Einleitung als auch den Abschluss des Planverfahrens. Insbesondere die endgültige Entscheidung und Verabschiedung bzw. Genehmigung eines Plans verdeutlicht die Planungsbefugnisse der Städte und Gemeinden. Für konkrete Projekte, deren Entwicklung durch einen Investor, Bauträger oder Grundstückseigentümer angestoßen wird, finden vermehrt zusätzliche Rechtsinstrumente Einzug in die geltenden Planungsgesetze. Hierbei kommen vor allem Verträge zum Einsatz.

In den Niederlanden erfolgt die Erstellung des Planentwurfs in dem regulären Bauleitplanverfahren, unabhängig davon, ob ein privates Rechtssubjekt beteiligt wird. Es bedarf lediglich einer vorgelagerten Zustimmung durch den Gemeindevorstand zum Planentwurf, bevor dieser das Verfahren durchläuft und durch einen abschließenden Beschluss des Gemeinderats rechtsverbindlich wird.

Auch in Griechenland unterliegen der allgemeine kommunale Bauleitplan (General Urban Plan – GUP) und der kommunale Bauleitplan (Town Plan) dem gleichen Planaufstellungsverfahren – unabhängig von einer Beteiligung privater Dritter. Wird die Ausarbeitung des Planentwurfs an einen privaten Dritten übergeben, gelten gleichsam alle technischen Normen für die inhaltliche Ausarbeitung sowie die gesetzlichen Vorgaben für das formale Planverfahren. Die Befugnis zur Aufstellung eines Plans liegt bei der Gemeinde oder dem Ministerium für Umwelt, Energie und Klimawandel. Unabhängig davon, ob der Planentwurf von einem privaten Dritten oder einer Gemeinde bzw. dem Ministerium erstellt wird, durchläuft dieser die jeweiligen Verfahrensschritte, insbesondere auch die Beteiligung der Öffentlichkeit. Darüber hinaus existieren besondere Instrumente zur Flächennutzung, die eine private Erschließung eines Gebietes als Wohn-, Tourismus-, Gewerbe- oder Industriegebiet (vgl. Tabelle 3, S. 91–92) ermöglichen. Dabei erfolgt die Initiierung durch den privaten Bauträger, der zur Einholung der behördlichen Genehmigung zur Erschließung des entsprechenden Gebietes verpflichtet ist. Der Beantragung der Genehmigung folgt die Aufstellung eines detaillierten Bauleitplans durch den privaten Bauträger. Bei der Planerstellung müssen ebenfalls die geltenden technischen Normen eingehalten werden. Abschließend bedarf der Bebauungsplan der staatlichen Genehmigung, um in Kraft zu treten.

Das Aufstellungsverfahren eines Kommunal- oder Lokalplans in Dänemark umfasst – unabhängig davon, ob der Planentwurf durch private Rechtssubjekte erstellt wurde – zum einen den Entschluss über die Planaufstellung durch die Gemeinde und zum anderen die Erstellung des Planentwurfs durch die Gemeinde oder einen privaten Dritten, die Beteiligung der Öffentlichkeit und die endgültige Entscheidung und Verabschiedung des Plans durch den Gemeinderat.

Über einen Entwicklungsvertrag nach Art. 21b Planungsgesetz kann einem Grundstückseigentümer die Möglichkeit eingeräumt werden, Projekte und somit u. a. die Erstellung von Lokalplänen unter entsprechenden Bedingungen zu initiieren. Der Abschluss eines Entwicklungsvertrags ist nur zwischen Gemeinderat und Grundstückseigentümern von Gebieten, die im Kommunalplan als städtische Fläche, Wochenendhaus-Siedlung oder als ländliche Fläche ausgewiesen sind, möglich. Dies dient in der Regel der Beschleunigung des Planungsprozesses. Die Initiative liegt dabei allein beim privaten Dritten. Bei der Aufstellung des entsprechenden Lokalplanentwurfs ist darauf zu achten, dass der begleitende Bericht die Verbindung zwischen dem Inhalt und der Gestaltung der Bestimmungen des Lokalplanentwurfs und dem Entwicklungsvertrag darlegt. Nicht abschließend geklärt ist, ob die Behörde, die im Rahmen eines Entwicklungsvertrags als privatrechtliche Vertragspartei fungiert, ausdrücklich an das Verwaltungsrecht und die Verfahrensvorschriften der Behörden gebunden ist. Die weiteren Verfahrensschritte enthalten, wie oben bereits aufgeführt, die Bürgerbeteiligung und die endgültige Entscheidung und Verabschiedung des Plans durch den Gemeinderat. Aufgrund der kommunalen Planungshoheit ist die Gemeinde neben der abschließenden Entscheidung und Verabschiedung des Bauleitplans durch den Gemeinderat befugt, im Rahmen des Entwicklungsvertrags bestimmte Bedingungen zu formulieren.

In Deutschland unterliegt die Aufstellung oder Änderung der Bauleitpläne dem im Baugesetzbuch geregelten Verfahren. Hierzu gehört die Entscheidung zur Aufstellung oder Änderung, die zweistufige Beteiligung der

Öffentlichkeit und der Behörden sowie die endgültige Entscheidung über den Plan durch die Gemeinde (vgl. Darstellung 1, S. 55–56). Über einen städtebaulichen Vertrag nach § 11 Baugesetzbuch können verschiedene Leistungen zwischen einem privaten Dritten und der Gemeinde als Trägerin der Planungshoheit vereinbart werden. Dies kann die Ausarbeitung von Bauleitplänen einschließlich des Umweltberichts bis hin zur Übernahme von Folgekosten der Erschließung umfassen.

Ein weiteres spezielles Instrument zur Einbindung privater Dritter ist der Vorhaben- und Erschließungsplan nach § 12 BauGB. Dieser Bebauungsplan schafft Baurecht für ein konkretes Vorhaben und besteht aus drei Bestandteilen. Mit dem Vorhaben- und Erschließungsplan konkretisiert der Vorhabenträger (privater Dritter) die Planung. Über den Durchführungsvertrag (städtebaulicher Vertrag) zwischen Gemeinde und Vorhabenträger verpflichtet sich der Vorhabenträger zur Durchführung des Vorhabens. Mit dem vorhabenbezogenen Bebauungsplan schafft die Gemeinde die planungsrechtlichen Voraussetzungen für die Genehmigung des Vorhabens.

Neben ihrer grundsätzlichen Planungshoheit ist insbesondere die Entscheidung zur Aufstellung oder Änderung des Bauleitplans sowie die endgültige Annahme des jeweiligen Plans die alleinige Entscheidung der Gemeinde. Eine Verpflichtung zur Aufstellung eines Bauleitplans kann auch durch einen Vertrag nicht begründet werden.

Welche Art von Bürgerbeteiligung ist in diesem Verfahren vorgesehen?

Grundsätzlich erfolgt in den fünf untersuchten Ländern eine Beteiligung der Öffentlichkeit. Sowohl in der Art, dem Umfang als auch dem Zeitpunkt und der Bedeutung der Öffentlichkeitsbeteiligung sind jedoch Unterschiede zwischen den einzelnen Ländern auszumachen.

Beginnend bei der US-amerikanischen „Beteiligung“ der Öffentlichkeit bereits bei der Vergabe von Aufträgen an private Rechtssubjekte zur Informationsübermittlung, um Transparenz zu gewährleisten, über die zweistufige Öffentlichkeitsbeteiligung im Planaufstellungsverfahren in Deutschland, die neben der frühzeitigen Beteiligung der Öffentlichkeit (§ 3 Abs. 1 BauGB) eine Beteiligung in Bezug auf die Entwürfe von Bauleitplänen (§ 3 Abs. 2 BauGB) vorsieht, um eine vollständige Ermittlung und Bewertung der von der Planung berührten Belange zu ermöglichen, bis hin zu den gesetzlich festgelegten Optionen der Bürger in den Niederlanden sich 1. bei der Erstellung eines Bebauungsplans zu beteiligen (Art. 3.1.6. Raumplanungsverordnung), 2. Stellungnahmen gegen den Bebauungsplanentwurf abzugeben (Art. 3.8. Abs. 1 Raumplanungsverordnung) und 3. als interessierte Parteien gegen die Annahme des Plans durch den Gemeinderat Beschwerde einzulegen (allgemeines Verwaltungsgesetz), sind unterschiedliche Verfahren der Beteiligung festzustellen.

Auch formell unterscheiden sich die Verfahren zur Beteiligungen der Öffentlichkeit. Dies betrifft zum Beispiel die Fristen für die Beteiligung. So ist das Beteiligungsverfahren in Dänemark über einen Zeitraum von mindestens acht Wochen durchzuführen. Die Entwürfe der Bauleitpläne sind in Deutschland für die Dauer eines Monats öffentlich auszulegen. In Griechenland erfolgt die Öffentlichkeitsbeteiligung im Rahmen eines Tages der offenen Tür oder einer öffentlichen Anhörung, um die Möglichkeit der Meinungsäußerung der Bürger zum entsprechenden Entwurf vor der Genehmigung sicherzustellen. Die Öffentlichkeitsbeteiligung erfolgt in den EU-Mitgliedsstaaten auch im Rahmen der Strategischen Umweltprüfung und der Umweltverträglichkeitsprüfung, soweit diese nicht in das Verfahren zur Aufstellung eines Bauleitplans integriert ist. Sieht das jeweilige Verfahren eine Beteiligung der Öffentlichkeit vor, ist diese in der Regel nicht nur bei der Aufstellung sondern auch bei Änderungen der entsprechenden Pläne durchzuführen.

In Bezug auf die Zuständigkeit der Durchführung der Öffentlichkeitsbeteiligung wurden nur in Deutschland und in Dänemark Angaben gemacht. In Dänemark ist die Durchführung der Bürgerbeteiligung Aufgabe des Gemeinderates. In Deutschland hingegen kann die Beteiligung der Öffentlichkeit als Teil des Bauleitplanverfahrens auch von einem privaten Dritten durchgeführt werden. Hierbei handelt der private Dritte als Erfüllungsgehilfe der Verwaltung. Die Gemeinde ist nach außen hin verantwortlich.

Fazit

Zusammenfassend ist festzustellen, dass mit der Planungshoheit der Gemeinden zur Regelung eigener Belange im Rahmen der Gesetze auch immer die grundsätzliche Verantwortung, für die Verfahren zur Aufstellung oder Änderung von Bauleitplänen einhergeht. Allgemein findet in den befragten Ländern darüber hinaus die Einbeziehung des privaten Sektors in das Aufstellungsverfahren von Bauleitplänen sowohl in der gesetzlichen Verankerung als auch in der Praxis in unterschiedlichem Maße statt. Eine Gemeinsamkeit ist bei der Entscheidung zur Einleitung des Verfahrens festzustellen. Dieser erste förmliche Planungsschritt geht in allen befragten Ländern von den Städten oder Gemeinden aus. Die Tendenz zur Stärkung der Einbindung privater Dritter ist in allen Ländern festzustellen. Damit hat sich in den letzten Jahren eine Auslagerung bislang originär gemeindlicher Aufgaben auf private Rechtssubjekte vollzogen. Ebenfalls deutlich wird bei den Antworten aus den einzelnen Ländern, dass die letztliche Entscheidungskompetenz über einen Bauleitplan ausdrücklich bei der jeweiligen Gemeinde liegt und somit die kommunale Kontrolle der Planungsbefugnisse stets gewährleistet ist.

Aus den Antworten der einzelnen Länder lässt sich ein Trend zu einer Privatisierung von Planungsaufgaben in der Gesetzgebung und einhergehend damit in der Planungspraxis testieren. Die Gründe hierfür sind vor allem in den begrenzten personellen Ressourcen zu sehen, die den Gemeindeverwaltungen für städtebauliche Planungen noch zur Verfügung stehen. Durch den Mangel an qualifiziertem Personal in Verbindung mit komplexen Planungsaufgaben müssen diese Leistungen oftmals ausgelagert werden. Die Beteiligung des Privatsektors an der Stadtentwicklung findet dabei vor allem auf der Ebene der konkretisierenden Bauleitplanung – also für konkrete Projekte – statt. Hier wird privaten Dritten zusehends die Möglichkeit eingeräumt eine Bauleitplanung anzuregen, um ein Projekt umzusetzen. Die Regelungen zur Übertragung von Aufgaben sind dabei in den beteiligten Ländern unterschiedlich ausgeprägt. So findet dieser Aspekt in der Gesetzgebung einiger Länder keine explizite Erwähnung, wohingegen in anderen Ländern Rechtvorschriften bereits konkrete Vorgaben über die Einschaltung privater Dritter enthalten und teilweise auch spezifische Instrumente hierfür vorhanden sind. Während also ein Trend zur Privatisierung klar erkennbar ist, ist der Grad der formellen Ausgestaltung durch rechtliche Regelungen unterschiedlich ausgeprägt.

Frage 2

Gibt es Regelungen bezüglich der Beteiligung Privater bei der Überwachung und Geltendmachung sowie dem Vollzug von Bebauungsplänen und der Bauordnung?

In den Vereinigten Staaten sind rechtliche Regelungen vorhanden, die es ermöglichen, den privaten Sektor bei der Überwachung und Geltendmachung sowie dem Vollzug von Bebauungsplänen und der Bauordnung zu beteiligen. Theoretisch erfolgt die Übertragung, wie bereits unter Frage 1 erläutert, mittels eines öffentlichen Verfahrens zur Vergabe von Aufträgen. In der Praxis werden Aufgaben in der Regel jedoch gemeindeintern ausgeführt oder Verträge mit anderen Kommunalverwaltungen geschlossen, die diese dann übernehmen.

In Deutschland muss diesbezüglich zwischen dem Bauplanungs- und dem Bauordnungsrecht unterschieden werden. Bauplanungsrechtlich kann eine Beteiligung privater Dritter bei der Erarbeitung der Planentwürfe sowie der Durchführung der Verfahrensschritte zur Planaufstellung erfolgen. Die letztliche Beschlussfassung und somit endgültige Entscheidungskompetenz liegt jedoch bei der Gemeinde. Gleichermaßen ist die Überwachung der Einhaltung der Vorgaben des Bauleitplans eine hoheitliche Aufgabe und kann nicht auf private Rechtssubjekte übertragen werden. Bezüglich des Planvollzugs besteht die Möglichkeit im Rahmen eines sogenannten Planverwirklichungsvertrags (städtebaulicher Vertrag), dass sich ein privater Dritter dazu verpflichtet, eine bauliche Anlage zu errichten, eine bauliche Anlage oder ein Grundstück in einer bestimmten Art und Weise zu nutzen oder auch Maßnahmen zum Ausgleich von Eingriffen in Natur und Landschaft durchzuführen.

Sind private Instanzen berechtigt Bewertungen zu übernehmen oder ist es Ihnen auch erlaubt Genehmigungen auszustellen und daran anknüpfende Maßnahmen zur Durchführung festzulegen?

In den Vereinigten Staaten wird diesbezüglich dem privaten Sektor eine rechtliche Möglichkeit eingeräumt, wobei in der Praxis diese Angelegenheiten in der Regel kommunalintern geregelt werden. Eine Ausnahme hingegen bildet die rechtliche Durchsetzung, wonach die Interessen der Kommunalverwaltung durch einen Rechtsanwalt und einen Sachverständigen vertreten werden, welche oftmals keine Angestellten der Kommunalverwaltung sondern vertraglich verpflichtete Personen sind.

In Deutschland erfolgt die Prüfung und insbesondere die Erteilung einer Baugenehmigung ausschließlich durch die zuständige Bauordnungsbehörde als staatliche Aufgabe. Eine Verlagerung auf einen privaten Dritten ist ausgeschlossen.

In Griechenland waren bislang sowohl die Überwachung und Durchsetzung von Bestimmungen öffentlicher Bauleitpläne und Bauvorschriften als auch die Vergabe, Überwachung und Prüfung von Baugenehmigungen traditionell Aufgabe der Behörden. Durch die Verabschiedung des Gesetzes Nr. 4030/2011, insbesondere durch die Artikel 10–15, erfolgt eine klare Kompetenz- und Funktionsaufteilung. Danach werden die kommunalen Bauämter mit der Genehmigungsfunktion betraut, die Prüffunktion hingegen wird an unabhängige, zertifizierte, private Inspektoren, die unter der Aufsicht des Umweltministeriums arbeiten, delegiert.

In den Niederlanden existieren keine Rechtsvorschriften, die private Rechtsubjekte in die Überwachung und Durchsetzung von Bestimmungen öffentlicher Bauleitpläne und Bauvorschriften einbinden. Es wird deutlich dargelegt, dass private Rechtssubjekte keinerlei Befugnisse besitzen, Planungsgenehmigungen zu erteilen oder Maßnahmen zur Durchsetzung festzulegen. Sowohl die Ausstellung von Planungsgenehmigungen (Gesetz über Umweltgenehmigungen, Art. 2.4) als auch das Ergreifen von Überwachungs- und Durchsetzungsmaßnahmen (Wohnungsbaugesetz, Art. 92 und Gesetz über Umweltgenehmigungen, Art. 5.2) sind Aufgaben der zuständigen Behörde. In der Praxis erfolgt bereits die Übertragung von Aufgaben auf private Rechtssubjekte. So werden z. B. Anträge auf Planungsgenehmigung von privaten Zertifizierungsorganen nach den Vorschriften des Baubeschlusses geprüft. Weiterführend denkt die Regierung derzeit über eine Privatisierung der Überwachungs- und Durchsetzungsmaßnahmen nach.

In Dänemark ist trotz der Kommunalreform im Jahr 2007, wodurch den Gemeinden Kompetenzen für die Regionalplanung und Verwaltung des ländlichen Raums übertragen wurden, kein erweiterter Trend zur Privatisierung zu verzeichnen. Explizite Aussagen zur rechtlichen Legitimierung privater Instanzen finden weder zur Überwachung und Geltendmachung noch zur Bewertung und Genehmigungserteilung Erwähnung.

Fazit

Die Beteiligung Privater bei der Durchführung der Bauleitplanung und dem Vollzug von Bauvorschriften findet in unterschiedlicher Intensität Einzug in die Planungspraxis der Kommunen der untersuchten Länder. Rechtvorschriften regeln in diesem Rahmen nur im geringen Maße direkt die Möglichkeit zur Mitwirkung des Privatsektors. Sie treffen vielmehr Aussagen über die hoheitlichen Kompetenzen der Gemeinden wobei eine Übertragung von Aufgaben an private Dritte im Bereich der Genehmigung weitgehend ausgeschlossen ist.

Allerdings lassen sich Privatisierungstendenzen insoweit ausmachen, dass die staatliche Kontrolle der Einhaltung öffentlicher-rechtlicher Bauvorschriften zugunsten einer stärkeren Eigenverantwortung der Bauherren zurückgefahren wird. Gleichzeitig erfolgt damit eine Vereinfachung und Beschleunigung von Genehmigungsverfahren. Erkennbar sind auch Tendenzen der Privatisierung im Bereich der Umweltdienstleitungen, wie auch bei Überwachungs- und Durchsetzungsmaßnahmen.

Frage 3

Gibt es Rechtsvorschriften, nach denen Privatunternehmen städtische Infrastruktureinrichtungen und öffentliche Räume bewirtschaften können? Beschränkt sich diese Gesetzgebung auf einzelne Infrastrukturleistungen und Räume oder bietet sie vielmehr den gesetzlichen Rahmen für die Bewirtschaftung ganzer Quartiere und anderer städtischer Bereiche durch Privatunternehmen?

Ist die Bewirtschaftung dieser Quartiere oder Gebiete auf die Eigentümer- oder Anwohnervereinigungen begrenzt oder kann diese auch von Konzessionären oder privaten Wirtschaftsunternehmen übernommen werden?

Generell findet in den befragten Ländern eine Bewirtschaftung von städtischen Infrastruktureinrichtungen oder öffentlichen Räumen durch

Privatunternehmen statt. Sowohl die gesetzlichen Regelungen als auch die daraus resultierende Anwendung in der Praxis sind unterschiedlich. Die Übertragung von Aufgaben zur Bewirtschaftung findet im Rahmen von Public-Private-Partnerships (PPP), Business Improvement Districts (BID) oder Housing Improvement Districts (HID) und im Zusammenhang mit der Bauleitplanung statt. Ein wichtiges Element bilden dabei Verträge, die zum einen als Bewirtschaftungsvertrag die Verwaltung einer Einrichtung vollständig auf das Privatunternehmen übertragen oder zum anderen als öffentlich-rechtlicher Vertrag zur teilweisen Aufgabenprivatisierung beitragen können. Auch in Bezug auf die räumliche und personelle Eingrenzung der Bewirtschaftungsaufgaben lassen sich Unterschiede ausmachen. Die kommunale Kontrolle bzw. die hoheitliche Verantwortung der Gemeinde bleibt in der Regel stets bei der Gemeinde und ist nur in wenigen Fällen auf den Privatsektor übertragbar.

In den Vereinigten Staaten ergibt sich aus der Selbstverwaltung (Home Rule) eine Ermächtigung mit privaten Rechtssubjekten einen Vertrag über die Bewirtschaftung städtischer Einrichtungen oder öffentlicher Räume zu schließen. Die Regelungsinhalte der Bewirtschaftungsverträge müssen in Übereinstimmung mit dem bundesstaatlichen Recht und kommunalen Gesetzen stehen. Der Bewirtschaftungsvertrag kann sich auf eine bestimmte Einrichtungen in einem Gebiet oder auf alle sich im Besitz der Stadt befindlichen Einrichtungen dieser Art beziehen. Darüber hinaus kann die Bewirtschaftung von einem oder mehreren Einrichtungen der städtischen Infrastruktur oder von öffentlichen Räumen durch private Rechtssubjekte, Anwohnervereinigungen oder anderen öffentlichen Rechtssubjekten erfolgen.

In Dänemark schafft die allgemeine Gesetzgebung zu städtischen Infrastrukturanlagen, wie Strom, Heizung, Trinkwasser, Abwasser und Straßen, die gesetzliche Grundlage für die Bewirtschaftung dieser Einrichtungen durch Privatunternehmen. So zum Beispiel ist die Gemeinde auf dem Gebiet der Heizwärme allgemein für die Planung des Fernwärmesystems verantwortlich, wobei kleinere (Block)heiz(kraft)werke dabei oftmals im Besitz lokaler Kunden sind und größere Anlagen einer oder mehreren Gemeinden angehören. Die öffentlich-private Zusammenarbeit bezieht sich meist auf bestimmte Aufgaben, wie die Reinigung von Schulen, und vereint Prozessrichtlinien für derartige Projekte. Die Grundlage bildet ein

Regelwerk, das die Nutzung der Kernkompetenzen der Behörde bzw. des privaten Auftragnehmers ermöglicht.

In Deutschland ist eine Zusammenarbeit zwischen der öffentlichen Hand und dem privatwirtschaftlichen Bereich insbesondere in den Bereichen der Abwasserbehandlung, Abfallbeseitigung sowie dem Bau und der Unterhaltung von Verkehrswegen oder öffentlicher Gebäude möglich. Gesetzliche Grundlage bilden dabei die jeweiligen Fachgesetze, wie z. B. das Wasserkreislaufgesetz oder das Kreislaufwirtschaftsgesetz. Räumlich betrachtet, bezieht sich die infrastrukturelle Daseinsvorsorge regelmäßig auf das gesamte Gebiet einer Gemeinde und bei Bauvorhaben oftmals auf einzelne Projekte. Public-Private-Partnership-Projekte zur Entwicklung eines gesamten Stadtteils sind dahingegen eher die Ausnahme. Ein bundesweit rechtlicher Rahmen zur Einbindung privater Initiativen in die Stadtentwicklung wird durch § 171f BauGB geschaffen. Darüber hinaus liegen in einzelnen Bundesländern ergänzende und konkretisierende Business Improvement District – BID-Gesetze vor. Der Entwicklungsbereich eines BID bezieht sich in der Regel auf ein Quartier oder einen Stadtteil und wird durch einen Beschluss der Gemeinde festgelegt. Neben dem Beschluss zur räumlichen Begrenzung wird die kommunale Kontrolle durch das Standortkonzept, welches vorgesehene standortbezogene Maßnahmen enthält und dabei im Einklang mit den städtebaulichen Zielsetzungen der Gemeinde stehen muss, und durch einen öffentlich-rechtlichen Vertrag, der Rechte und Pflichten für Auftragnehmer und Gemeinde festlegt, gesichert.

In den Niederlanden ist kein Gesetz vorhanden, das sich auf die private Bewirtschaftung von städtischen Infrastruktureinrichtungen bezieht. Neben der Ausweisung von BIDs bestehen allerdings weitere Beispiele für die private Bewirtschaftung von öffentlichen Räumen. So kann mittels zivilrechtlichen Vereinbarungen zwischen Bauträger und Gemeinden die Bewirtschaftung von öffentlichen Straßenräumen von privaten Konzessionären übernommen werden. Das Gesetz über (Versuche mit) Immobilien- und Standortgemeinschaften (Experimentenwet BI-Zones 2009) beschäftigt sich mit der privaten Bewirtschaftung von öffentlichen Räumen – Business Improvement Districts. Diese Bereiche beschränken sich auf einzelne Räume und schließen die Bewirtschaftung ganzer Quartiere aus. Die Bewirtschaftung der BIDs kann nur von ansässigen Unternehmen übernommen werden, deren Kunden diesen Raum nutzen. Diese Unternehmen beauftragen ihrerseits in der Praxis wiederum ein privates Unternehmen mit der Bewirtschaftung der entsprechenden öffentlichen Flächen.

Die Bewirtschaftung von öffentlichen Räumen und ganzen städtischen Bereichen wird in Griechenland grundsätzlich als Pflicht des Staates angesehen. Dabei erfolgt allerdings eine Gliederung der Verantwortung nach Art der Planaufstellung für das jeweilige Gebiet. Demnach übernehmen in Gebieten, für die ein kommunaler Bebauungsplan auf Initiative des Staates genehmigt wurde, die Gemeinden sowohl die Kosten als auch die Verantwortung für die Pflege und Unterhaltung der öffentlichen Anlagen. Anders in Gebieten, in denen Projekte der privaten Landerschließung genehmigt wurden. Hier werden in einigen Fällen dem privaten Bauträger die Kosten für die Pflege der entsprechenden öffentlichen Anlagen auferlegt. Die Bewirtschaftung der öffentlichen Räume liegt jedoch weiterhin in der Verantwortung der kommunalen Behörden.

Im Rahmen der Privatisierung von Staatsimmobilien wird aktuell ein neues Konzept zur Bewirtschaftung von städtischen Bereichen in der Planungsgesetzgebung dargelegt. Dieses Konzept beinhaltet neben der Übernahme sämtlicher Kosten der Planungs-, Erschließungs- und Bauprozesse durch den privaten Investor auch die Übernahme der Bewirtschaftungskosten für das gesamte Gebiet einschließlich der Infrastruktureinrichtungen und des öffentlichen Raumes. Die Rolle des Staates wird dabei auf die Genehmigung der Pläne und die Erteilung des Einverständnisses und der Genehmigungen von Erschließungsmaßnahmen begrenzt.

Wie garantiert die Gesetzgebung die kommunale oder öffentliche Kontrolle von Entscheidungen in Bezug auf die Bewirtschaftung?

Die Regierungen der Bundesstaaten oder Kommunalverwaltungen in den Vereinigten Staaten können Grenzen für Entscheidungen, die von Privatunternehmen in Bezug auf die Bewirtschaftung getroffen werden, vereinbaren. Verträge können mit bestimmten Auflagen verbunden sein. Weitreichende Interventionen, aus denen finanzielle Nachteile resultieren könnten oder sich die Befreiung des Staates von der Haftung für die jeweilige Einrichtung im Rahmen des Bewirtschaftungsvertrages erübrigt, sind von vornherein ausgeschlossen.

Die dänischen Behörden können einem privaten Auftragnehmer nicht die Entscheidungsbefugnis für Angelegenheiten, die in der öffentlichen Verantwortung liegen, übertragen. Diese Aussage wird unter anderem im Entwicklungsvertrag deutlich. Dieser ermöglicht zwar die Errichtung von baulichen Infrastrukturprojekten, welche auch im Wesentlichen der kommunalen Aufgabe unterliegen, durch private Rechtssubjekte, verdeutlicht aber auch gleichzeitig, dass die Gemeinde zukünftig für die Instandhaltung dieser Einrichtung verantwortlich ist und diese Verantwortung auf kein anderes Rechtssubjekt übertragen kann.

In den Antworten der Niederlande wird explizit erwähnt, dass bei der Einbeziehung von Konzessionären die kommunale Kontrolle über Entscheidungen zur Bewirtschaftung bereits im Vertrag zwischen Bauträger/Konzessionär und der Gemeinde festgelegt worden sein muss.

Fazit

Die Übertragung von Bewirtschaftungsaufgaben für städtische Infrastruktureinrichtungen und öffentliche Räume auf Privatunternehmen erfolgt in unterschiedlicher Intensität in den fünf Ländern. Der Trend des Privatisierungsprozesses in Bezug auf die Bewirtschaftung ist stets auf finanzielle und wirtschaftliche Aspekte zurückzuführen. Zudem findet aber auch immer wieder die Sicherstellung der Daseinsvorsorge und auch der Umweltschutz Erwähnung.

Zum Vorhandensein von Rechtsvorschriften und der Schaffung von Instrumenten und Möglichkeiten zur Einbeziehung des Privatsektors in dieses Aufgabenfeld kann keine einheitliche Aussage getroffen werden. Die gesetzlichen Regularien unterscheiden sich zwischen den Ländern in mehreren Aspekten. Angefangen von einer einheitlichen Gesetzgebung auf der Bundesebene und zusätzlichen Konkretisierungen auf der Ebene der Länder, der Ausweisung spezieller Gebiete (BID/HID), die eine Übertragung dieser Kompetenzen einräumen, der Möglichkeit einer privat-öffentlichen Zusammenarbeit im Rahmen von Public-Private-Partnership, bis hin zur Art der Planaufstellung unterscheiden sich neben den übertragbaren Kompetenzen auch die räumlichen und personellen Möglichkeiten.

Überwiegend wird allerdings zugrunde gelegt, dass die Privatisierung allgemeiner Aufgaben nicht gleichfalls mit der Übertragung der

Verantwortung für die Erfüllung der hoheitlichen Aufgaben der Gemeinde einhergeht. Einzig in den USA kann mit der Übertragung von Bewirtschaftungsaufgaben auf ein privates Rechtssubjekt gleichzeitig die Verlagerung der Verantwortung für das jeweilige Objekt erfolgen. Die damit verbundene Befreiung von der kommunalen Haftung geht aber gleichzeitig auch immer mit einer Einschränkung in die Eingriffsbefugnisse einher. Da dieser Fall jedoch die Ausnahme bildet, ist die kommunale Kontrolle durch die Einschränkung der Übertragungsmöglichkeiten gewährleistet.

Berliner Schriften zur Stadt- und Regionalplanung

Herausgegeben von Prof. Dr. Stephan Mitschang

Band 1 Stephan Mitschang (Hrsg.): Umweltprüfverfahren in der Stadt- und Regionalplanung. 2006.

Band 2 Stephan Mitschang (Hrsg.): Stadt- und Regionalplanung vor neuen Herausforderungen. 2007.

Band 3 Stephan Mitschang (Hrsg.): Flächennutzungsplanung – Aufgabenwandel und Perspektiven. 2007.

Band 4 Stephan Mitschang (Hrsg.): BauGB-Novelle 2007. Neue Anforderungen an städtebauliche Planungen und die Zulassung von Vorhaben. 2008.

Band 5 Stephan Mitschang (ed. / Hrsg.): Soil Protection Law in the EU. Bodenschutzrecht in der EU. 2008.

Band 6 Stephan Mitschang (Hrsg.): Innenentwicklung – Fach- und Rechtsfragen. 2008.

Band 7 Stephan Mitschang (Hrsg.): Klimaschutz und Energieeinsparung in der Stadt- und Regionalplanung. 2009.

Band 8 Stephan Mitschang (Hrsg.): Fach- und Rechtsprobleme der Baunutzungsverordnung. 2009.

Band 9 Stephan Mitschang (Hrsg.): Aktuelle Fach- und Rechtsfragen des Lärmschutzes. Bauleitplanung, Fachplanung und Zulassung von Bauvorhaben. 2010.

Band 10 Stephan Mitschang / Gerd Schmidt-Eichstaedt (Hrsg.): Die Umweltprüfung in der Regionalplanung. 2010.

Band 11 Ulrich Battis / Jens Kersten / Stephan Mitschang: Rechtsfragen der ökologischen Stadterneuerung. 2010.

Band 12 Stephan Mitschang (ed. / Hrsg.): Energy Efficiency and Renewable Energies in Town Planning Law. Energieeffizienz und Erneuerbare Energien im Städtebaurecht. 2010.

Band 13 Stephan Mitschang (Hrsg.): Planen und Bauen im Außenbereich. 2010.

Band 14 Stephan Mitschang (Hrsg.): Aktuelle Fragestellungen des Städtebau- und Umweltrechts – Ansatzpunkte für eine BauGB- und BauNVO-Novelle. 2011.

Band 15 Tim Schwarz: Die Umweltprüfung in gestuften Planungsverfahren. Möglichkeiten und Grenzen der Koordination und Abschichtung im Rahmen der Umweltprüfung in der Raumordnung und der Bauleitplanung. 2011.

Band 16 Stephan Mitschang (ed. / Hrsg.): Urban Planning Law under EU-Influence. Städtebaurecht unter EU-Einfluss. 2011.

Band 17 Stephan Mitschang (Hrsg.): Bauen und Naturschutz. Aktuelle Fach- und Rechtsfragen nach dem Inkrafttreten des BNatSchG 2010. 2011.

Band 18 Stephan Mitschang (Hrsg.): Gerüche, Feinstaub und Gefahrstoffe in der Bauleitplanung und bei der Zulassung von Bauvorhaben. 2011.

Band 19 Stephan Mitschang (Hrsg.): Klimagerechte Stadtentwicklung – Die neuen Regelungen der BauGB-Novelle 2011. 2012.

Band 20 Stephan Mitschang (Hrsg.): Stärkung der Innenentwicklung – BauGB-Novelle 2012/13. 2013.

Band 21 Stephan Mitschang (Hrsg.): Windenergie – Ausbau und Repowering in der Stadt- und Regionalplanung. 2013.

Band 22 Stephan Mitschang (Hrsg.): Innenentwicklung – Fach- und Rechtsfragen der Umsetzung. 2014.

Band 23 Benjamin Heyn: Lärmschutz und Innenentwicklung. Ist der Lärmschutz notwendiges Korrektiv oder störendes Hemmnis für die Innenentwicklung? 2014.

Band 24 Stephan Mitschang (Hrsg.): Konfliktfelder und aktuelle Entwicklungen bei städtebaulichen Planungen. 2014.

Band 25 Stephan Mitschang (Hrsg.): Umbau im baulichen Bestand – Fach- und Rechtsfragen. 2015.

Band 26 Stephan Mitschang (ed./Hrsg.): Privatisation of Planning Powers and Urban Infrastructure / Privatisierung von Planung und städtischen Infrastrukturen. 2015.

www.peterlang.com